浙江省哲学社会科学规划重点课题（19NDJC029Z）
浙江理工大学学术著作出版资金资助（2019年度）

KEJI RENCAI

CHUANGXIN ZHENGCE HUANJING YANJIU

科技人才
创新政策环境研究

廖中举　杨晓刚　等著

中国财经出版传媒集团

经济科学出版社
Economic Science Press

图书在版编目（CIP）数据

科技人才创新政策环境研究/廖中举等著 . —北京：

经济科学出版社，2019.9

ISBN 978 – 7 – 5218 – 0786 – 8

Ⅰ. ①科…　Ⅱ. ①廖…　Ⅲ. ①技术人才－人才政策－

研究－中国　Ⅳ. ①G316

中国版本图书馆 CIP 数据核字（2019）第 183290 号

责任编辑：周国强

责任校对：刘　昕

责任印制：邱　天

科技人才创新政策环境研究

廖中举　杨晓刚　等著

经济科学出版社出版、发行　新华书店经销

社址：北京市海淀区阜成路甲 28 号　邮编：100142

总编部电话：010 – 88191217　发行部电话：010 – 88191522

网址：www. esp. com. cn

电子邮件：esp@ esp. com. cn

天猫网店：经济科学出版社旗舰店

网址：http://jjkxcbs. tmall. com

固安华明印业有限公司印装

710 × 1000　16 开　11.25 印张　200000 字

2019 年 9 月第 1 版　2019 年 9 月第 1 次印刷

ISBN 978 – 7 – 5218 – 0786 – 8　定价：56.00 元

前　言

　　科技人才作为一种重要的人力资源，在创新型国家建设过程中的作用日益凸显。为了激发科技人才创新激情以提升国家的创新能力和促进经济高质量的发展，我国制定了一系列的政策措施。因此，对我国所制定的促进科技人才创新的政策内容进行分析、评价当前政策的绩效作用，以及科技人才创新激励的偏好与政策需求等，具有重要的现实意义。

　　首先，本研究选取1979~2015年以来我国77项科技人才创新政策作为研究对象，围绕"政策数量、颁布部门、颁布形式、政策力度、政策工具"等方面，对科技人才创新政策进行了内容分析；另外，针对当前科技人才政策研究加以总结；同时，由于大学生是潜在的科技人才，本研究也选取1999~2015年国家相关部门出台的68项促进大学生创业的政策，借助Nvivo 8.0软件，采取共词矩阵分析方法，对大学生创业政策的内容重点、政策类型等进行了剖析。

　　其次，为了客观评价当前科技人才对政策环境的满意度，本研究选取浙江省的科技人才作为研究对象，对比分析了不同性别、学历、工作年限、职称、职务、工作类型、单位和区域的科技人才对管理体制、培训与交流环境、科研支持环境、创新激励环境、人才流动环境五个方面的满意度情况。此外，为了进一步分析科技人才的激励偏好以及对政策的需求，本研究从物质型激励、成长型激励和自我实现型激励措施三个层面设计了激励偏好的以及从八个方面设计了政策需求的相关变量，采用问卷的调查方式，分析了科技人才对创新激励措施偏好的差异性。同时，选取青年科技人才作为研究对象，重点剖析了他们在创新过程中面临的阻力因素。

最后，为了分析影响科技人才的内部和外部因素，本研究选取高校、科研院所与企业的科技人才作为研究对象，实证对比了人口背景特征、制度性因素对科技人才收入满意度的影响作用。此外，聚焦于企业，定量分析了企业技术创新激励措施的水平，尤其是技术创新激励措施的不同维度对科技人才的影响作用。同时，选取科技人才中的研发人员作为研究对象，研究了影响企业研发人员投入的数量，以及研发人员对企业绩效的影响机制。

本研究采用内容分析、方差分析、回归分析等方法，通过对我国科技人才创新政策的内容、科技人才对创新激励环境的感知与政策需求，以及政策、个体特质等对科技人才的影响作用的分析，得出了一系列有意义的研究结论。为我国完善科技人才创新政策，更好地激发科技人才创新，提升国家的创新能力，提供了借鉴和启发。

目　　录

绪　论

首先，针对科技人才在创新过程中的重要性，以及以往关于科技人才创新激励政策环境研究存在的不足，本研究提出了研究的问题以及研究的意义；其次，重点介绍了研究的创新点以及研究采用的方法；最后，给出了研究的结构安排与具体的技术路线。

1.1　研究背景与问题的提出

创新是指在企业实践、工作场所组织或对外关系中，实施新的或显著改善的产品（商品或服务）或工艺，一个新的营销方法或新的组织方法（OECD，2005），它对国家、区域以及企业竞争力的提升具有重要的作用（Lee，2011）。改革开放之后，我国对创新的重视程度日益提高，至今创新已被摆到国家发展全局的核心位置。由于创新是一个从投入到产出的过程，而在这个创新链条过程中科技人才发挥着至关重要的作用，先前不同学科的大量研究也提出科技人才和创新绩效之间存在正相关关系（Grindley & Teece，1997；Menor，Kristal & Rosenzweig，2007；Subramaniam & Youndt，2005）。

科技人才镶嵌于环境之中，科技人才的成长、流动、薪酬等都受到环境的影响，因此良好的创新环境是确保科技人才取得创新结果的必要保障，特别是当前创新驱动、创新型国家建设的背景下，政策环境的作用性尤为凸显。

以往大量学者围绕科技人才的政策环境展开了研究，取得了丰富的成果，主要集中在以下三个方面：第一，基于社会机制需要、市场失灵和系统失灵的视角，盛亚和朱柯杰（2013）、赵林海（2013）、张琳（2010）等学者对政府制定创新政策干预科技人才创新过程的合理性进行了研究，并探索了政策干预的依据、目标和原则等。第二，早期对科技政策、人才政策等公共政策的研究主要采用定性分析的方法，而随着研究方法的不断推进，当前对科技人才创新政策的测量开始采用内容分析法、定量研究等方法，在此基础上，也对科技人才政策的绩效作用进行了研究（刘凤朝和孙玉涛，2007；彭纪生、孙文祥和仲为国，2008）。第三，围绕外部环境、动机等不同的视角，阿马比尔、康蒂和库恩等（Amabile, Conti & Coon et al., 1996），伯霍普和吕贝尔斯（Burhop & Lübbers, 2010），贝列佐和沙克曼（Belezon & Schankerman, 2009），哈霍夫和霍伊尔（Harhoff & Hoisl, 2007）等分析了影响科技人才创新的因素。

　　基于文献梳理可以发现，以往研究在取得进展的同时，还存在不足之处。首先，以往对"科技人才创新激励政策环境"的研究视角相对单一，缺乏系统视角的测量或定量研究。例如，娄伟（2004）、李丽莉（2014）以及田永坡、蔡学军和周姣（2012）等对科技人才的创新政策进行了梳理。第二，对"科技人才创新激励政策环境"的绩效研究起于初步阶段，也缺乏针对科技人才个体的微观研究。关于政策对科技人才的影响作用的研究主要集中在中观和宏观层面，缺乏针对科技人才个体的实证研究。例如，刘凤朝和马荣康（2012）以印度为研究对象，基于国家创新体系分析框架构建了公共科技政策影响创新产出的系统动力学模型，利用印度 1991~2008 年数据实证分析了不同科技政策对创新产出的影响效果；曾萍、邬绮虹和蓝海林（2014）在文献和理论研究的基础上构建了政府支持、企业创新与动态能力之间关系的理论模型，并以珠三角地区 173 家企业为调查对象进行实证检验，研究了不同政府支持方式对企业创新的影响。

　　针对科技人才在创新过程中的重要性，以及以往关于科技人才创新激励的政策环境研究存在的不足，本研究将在技术创新理论、人力资本理论、创新制度理论和创新激励理论的基础上，研究以下几个问题：中国为促进科技人才创新，制定了哪些政策措施，政策措施的具体内容构成与如何演化；科技人才对当前创新政策的感知与评价；科技人才创新激励的偏好以及对政策的需求；创新政策对科技人才的影响作用；等等。

1.2 研究意义

1.2.1 理论意义

（1）在对"我国科技人才创新激励政策"系统梳理的基础上，从政策数量、政策类别、政策内容等多个方面将政策细化，同时，运用数据分析、比较分析和内容分析等方法对政策进行分析与探究，有助于弥补以往研究在创新创业政策测量方面存在的不足。

（2）基于科技人才的调查，围绕"管理体制、培训与交流环境、科研支持环境、创新激励环境、人才流动环境"五个方面，分析科技人才对创新环境的评价，以及不同人口背景特征的科技人才评价的差异性，有助于弥补以往关于科技政策绩效评价研究缺乏的情况。

（3）沿着"认知（科研人才对创新激励政策的认知）—行为（创新创业行为）—绩效（创新产出、满意度等）"的逻辑框架，建立完整的科技人才创新驱动行为框架，有助丁丰富创新创业的相关理论。

1.2.2 现实意义

（1）通过对科技人才创新激励政策环境的研究，找出适合科技人才成长、发展的政策因素，探索科技人才成长的环境和规律，为优化科技人才创新创业环境提供合理的依据和科学的指导。

（2）有利于客观了解当前科技人才对"创新激励的政策、法规及制度环境"的评价以及期许，从而为下一步相关政策的出台提供了理论依据。

1.3 研究创新点

1. 基于内容分析法，对中国科技人才创新政策进行了量化研究

当前国内对于科技人才创新政策的定性分析较多，停留在对科技人才创新政策的演变阶段、存在的问题等方面的探讨，缺少对科技人才创新政策进行整体与系统的量化分析，难以把握中国科技人才创新政策的内在特质。本研究通过系统检索国务院、人力资源和社会保障部、科学技术部、国家发展改革委、教育部等政府机构门户网站检索相关信息及文件，运用百度、谷歌等搜索引擎，以及文献检索等，收集到 1979～2015 年的 77 项科技人才创新政策文件，从政策数量、政策类别、政策内容等多个方面，运用数据分析、比较分析和内容分析等方法对科技人才创新政策进行了分析与探究，同时，重点基于政策工具的视角，从 X 维度（供给型、需求型和环境型政策）和 Y 维度（人才培养开发、选拔任用、流动配置和激励保障）对科技人才创新政策进行了内容分析。

此外，大学生在创新活动中也发挥着重要的作用，他们也是潜在的科技人才，对未来的创新具有重要影响。然而，我国大学生作为一个特殊的重要群体，对其相关的创业政策的研究较少。本研究通过资料查阅收集到了 1999～2015 年有关大学生创业的 68 项政策，利用共词矩阵分析从微观层面对政策文本内容作了细致分析，研究了大学生创业政策的主题词构成、主题词之间的关联度、主题词的类别等，具有一定的创新性。

2. 系统探索了不同科技人才对政策环境的评价，创新激励偏好以及对政策的期许

目前，国内外对科技人才政策环境的研究以二手数据为主，主要停留在对宏观层面的创新环境评价，忽略了对创新的主体——科技人才的创新环境的调查研究；微观层面对创新环境维度的划分过于细化，导致涵盖的面较窄，例如，缺乏对科技人才培训与交流环境、人才流动环境的研究等；研究的范围具有地理局限性，由于不同区域的科技体制具有较大的差异性，因此研究结论推广值得商榷。本研究在对创新环境划分为"管理体制、培训与交流环境、科研支持环境、创新激励环境、人才流动环境"等的基础上，以浙江省为例，对比分析了不同地理区域的科技人才对五个方面的创新环境的评价，采用 Logit 回归分析，进一步研究了性别、学历、工作年限、职称、职务、工作类型与单位等因素对创新环境各个方面评价的影响。

为挖掘科技人才创新激励的偏好，更好地激发科技人才的创新活力，本研究在将创新激励划分为"物质型激励、自我实现型激励、成长型激励"的基础上，实证研究了不同性别、年龄、学历、工作年限、职称、职务与单位等不同的科技人才对创新激励措施的偏好，以及存在的差异。同时，设计了八个方面的政策需求措施，从不同性别、年龄、工作年限、学历、职称、职务、工作类型、单位、区域等视角出发，探讨了科技人才对创新制度环境需求的差异性。因此，本研究对完善科技人才激励理论具有一定的贡献。

3. 从人口背景特征与制度性因素的双重视角，分析了科技人才收入满意度的影响因素

国内外对科技人才收入满意度的研究，主要以人力资本理论为出发点，探讨了部分人口背景特征变量的影响作用，但是并没有形成统一的观点，也未将制度性因素纳入研究框架中。本研究将对收入满意度的研究向前延伸到行为主体的人口背景特征，基于大规模的调研，系统地研究了科技人才的人口背景特征对收入满意度的影响，同时将制度性层面的影响因素纳入研究中，选取专业技术职称、职务评定制度与科技成果评价奖励制度两类因素，探讨它们对收入满意度的影响，拓展和深化了已有的关于科技人才收入满意度研究的分析框架。

在不同的单位环境下，人口背景特征、制度性因素对收入满意度的影响可能存在较大差异，先前的研究忽略了单位性质在科技人才背景特征、制度性因素对收入满意度的影响中的调节作用。本研究立足我国的实际国情，选取了高校、科研院所与企业三类不同类型的单位，对比研究了各类因素所起

作用的大小以及影响方向的差异性。这不仅有助于弥补当前研究的不足，也为更好地理解现实中的科技人才收入满意度，以及对相关政策的制定具有一定的理论参考意义。本研究不仅丰富了现有科技人才的人口背景理论、制度理论以及收入理论，而且对实践也有较强的指导意义。

4. 在对企业科技人才创新激励措施测量的基础上，剖析了不同维度的创新激励措施测量的前因与作用结果

本研究从创新经济学和制度经济学的双重视角下来考察企业的技术创新激励问题，不仅研究了包括企业产权性质、规模、成立年限等企业内部因素对企业技术创新激励聚焦度和丰富度的影响，而且也从外部环境约束入手，来研究行业因素对企业技术创新激励措施的影响，从而为理解我国企业技术创新激励相对缺乏的制度根源与前置影响因素提供了理论依据，也拓展和深化了关于技术创新激励措施研究的分析框架。

国内外学者对企业的技术创新激励及其绩效进行了大量研究，但偏重于激励措施与企业技术创新产出之间的关系，也未对技术创新激励措施进行系统分析。本研究在对技术创新激励措施进行系统分类的基础上，引入科研人员满意度作为结果变量，补充了在激励措施与企业创新绩效之间的中介变量研究，这不仅有助于弥补当前研究的不足，也为更好地理解技术创新激励措施的直接效果，以及对完善相关的人力资源理论具有重要的意义。

1.4 研究方法

1. 文献研究

关于科技人才创新激励的政策环境的研究，以往也取得了大量的成果，也是本研究顺利开展的理论基础。围绕科技人才、科技政策、创新环境等变量系统搜索国内外的相关文献，以及人力资本理论、创新激励理论等文献资料，对已有研究成果进行系统的梳理，发现以往研究存在的不足，同时为本研究的开展提供理论依据。

2. 内容分析

收集历年我国相关部门颁布的各类"科技人才创新政策"，采用内容分析法，从政策数量、政策类别、政策内容、政策工具等方面对我国科技人才的创新政策进行分析，从而把握我国科技人才创新政策的演化阶段、政策的重点、不同政策工具的应用等。同时，针对我国大学生的创业政策，采用内容分析法，借助于 Nvivo 8.0 软件对其主要关键词、关键词之间的联系等进行分析。

3. 问卷调查

选择各类科技人才作为调研对象，采用大规模问卷调研的方式进行深入的调查，调查科技人才对创新政策环境的评价，科技人才对创新激励措施的偏好、科技人才对制度环境的期许，以及科技人才的收入满意度等，通过问卷调查获得相应的研究数据，为实证研究提供数据支持。

4. 定量数据分析

基于大样本问卷调查数据，运用方差分析、多元回归分析等方法，检验科技人才对创新政策环境的评价，不同性别、年龄、学历、工作年限、职称、职务、不同单位等的科技人才对创新环境评价的差异性，以及对创新激励措施偏好与政策需求的差异性；采用 Binary Logit 模型对影响科技人才的收入满意度的因素进行研究；为研究企业激励措施的共同之处，运用 Latent Gold 4.5 软件对数据进行潜在类别分析等。

1.5　研究结构安排

本研究以技术创新理论、人力激励理论、创新制度理论等为指导，对国内外创新政策评价、人才激励等研究进行梳理，运用文献研究、内容分析、问卷调查等方法，探讨我国科技人才创新政策的演变，研究科技人才对政策的评价、期许等，以及政策因素对科技人才的作用机制，并提出相关的政策建议。本研究的主要内容分为以下几个方面：

第1章　绪论。首先，本章从现实背景和理论背景介绍选题的原因，提出研究的问题，以及研究的理论意义与现实意义；其次，介绍研究可能存在的创新点，解决研究问题所采用的研究方法；最后，介绍研究的结构框架与技术路线。

第2章　中国科技人才创新的政策研究。基于公共政策理论和技术创新理论，梳理和分析"科技人才创新激励政策"的演变轨迹、主要特征及发展规律。本章在收集整理中国科技人才创新政策的基础上，探究1979～2015年之间我国科技人才创新政策数量、颁布部门、颁布形式以及政策力度，重点基于政策工具的视角，从X维度（供给型、需求型和环境型政策）和Y维度（人才培养开发、选拔任用、流动配置和激励保障）对77项科技人才创新政策进行了内容分析。同时，选取1999～2015年国家相关部门出台的68项促进大学生创业的政策，采取共词矩阵分析方法，对大学生创业政策的内容重点、政策类型等进行系统分析。

第3章　科技人才对创新创业政策的评价研究。在文献研究的基础上，基于大样本问卷调查数据，运用方差分析、回归分析等方法，分析不同性别、年龄、学历、工作年限、职称、职务、单位等的人才对当前科技人才创新政策环境中"管理体制、培训与交流环境、科研支持环境、创新激励环境、人才流动环境"五个方面的评价，尤其是不同人才对政策评价的差异性。

第4章　科技人才创新的激励偏好与阻力因素研究。从物质型激励、成长型激励和自我实现型激励措施三个层面设计了激励偏好措施，采用问卷的调查方式，从不同性别、年龄、学历、工作年限、职称、职务、单位、区域等视角出发，探讨了科技人才对创新激励措施偏好的差异性。同时，从完善公平合理的科技立项程序与审批制度、保护知识产权、完善科技成果评价和奖励制度等几个层面设计了相关题项，调查了科技人才的政策需求。此外，选取青年科技人才作为研究对象，重点剖析了他们在创新过程中面临的阻力因素。

第5章　科技人才创新的影响因素及其绩效作用研究。首先，基于人口背景特征与制度性因素的双重视角，实证分析了科技人才收入满意度的影响因素，并对高校、科研院所与企业的科技人才进行了对比研究；其次，聚焦于企业层面的研究，对企业科技创新激励措施从丰富度和聚焦度两个维度进行了测量，探讨了企业规模、年龄、行业类别等的影响作用，以及其对科技人才的影响效果；最后，也是从企业的层面，研究了影响企业研发人员投入的数量，以及企业研发投入对企业绩效的影响机制。

1.6　技　术　路　线

围绕"中国为促进科技创新，制定了哪些政策措施，政策措施的具体内容构成与如何演化；科技人才对当前创新政策的感知与评价；科技人才创新激励的偏好以及对政策的需求；以及创新政策对科技人才的影响作用"等研究问题，再到如何解决这些问题，本研究设计了连贯的技术路线图，如图 1 - 1 所示。

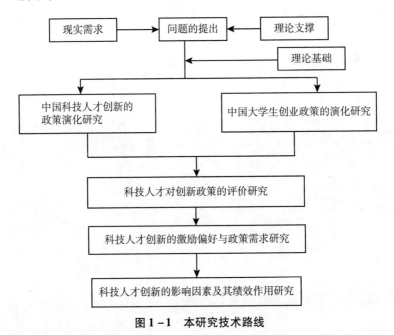

图 1 - 1　本研究技术路线

1.7 小　　结

　　科技人才在创新型国家建设中起着重要的作用，而政策环境是激励科技人才创新活力的有效手段。以往的研究围绕科技人才创新激励的政策环境取得了丰富的成果，但也存在不足之处，针对研究不足，本章提出了研究的问题、研究的理论与现实意义、可能存在的理论创新点以及为解决研究问题所采用的方法与技术路线等。

中国科技人才创新政策研究

本章从创新政策的概念内涵出发，首先，分析了中国科技人才创新政策的研究概况；其次，探究了 1979～2015 年以来我国科技人才创新政策数量、颁布部门、颁布形式以及政策力度；再次，在此基础上，重点基于政策工具的视角，从 X 维度（供给型、需求型和环境型政策）和 Y 维度（人才培养开发、选拔任用、流动配置和激励保障）对 77 项科技人才创新政策进行了内容分析；最后，针对当前科技人才政策研究加以总结。

此外，由于大学生作为潜在的科技人才，与科技人才创新激励政策具有紧密的联系；大学生创业对于缓解就业压力、推动经济发展起着十分重要的作用。因此，本章也选取 1999～2015 年国家相关部门出台的 68 项促进大学生创业的政策，采取共词矩阵分析方法，借助 Nvivo 8.0 软件，对大学生创业政策的内容重点、政策类型等进行了系统分析

2.1 中国科技人才创新政策演化研究

创新对经济社会的转型升级，国家竞争力的获取、保持及提高等具有重要的促进作用。然而，尽管我国已经是科技人力资源大国，创新水平在不断快速提升，但与部分发达国家相比仍存在一定差距，其中，我国人才结构和布局不合理，人才创新创业能力不强等问题尤为突出[1]。改革开放以来，为

---

[1] 《国家中长期科技人才发展规划（2010－2020 年）》。

促进科技人才创新，国务院、人力资源和社会保障部、科学技术部等多个部门，以单独或联合的形式出台了一系列政策。针对科技人才创新创业能力不强、创新创业机制不完善，以及传统的生产要素对经济发展存在各种限制等情况，国家近年来出台了一系列的政策措施。例如，中共十八大报告明确提出"实施创新驱动发展战略"，国务院也出台了相应的实施创新驱动发展的意见等。

2.1.1　文献回顾

尽管创新政策手段已经被广泛应用了数百年，但创新政策的具体概念出现时间却相对较晚，国内外学者对其的定义也没有统一说法。概括而言，国内外研究主要从广义和狭义两个方面对创新政策的概念做出了解释，狭义的概念认为创新政策是由科技政策发展而来的，主要由科技政策和产业政策组成，它是旨在促进技术创新而采取的各种直接或间接的政策措施（Rothwell，1986；夏国藩，1993）；广义的概念认为创新政策是所有与创新活动相关的政策，存在于经济、科技、生态、财税等各个方面，它是国家或地区政府为了促进创新活动的大规模涌现、创新效率的不断提高、创新能力的不断增强而采取的公共政策的总和（王胜光，1993；徐大可和陈劲，2004）。

诸多学者围绕科技人才创新政策展开了研究，并取得了一定的成果，具体而言，主要体现在以下三个方面：

在政府制定政策干预创新过程的合理性方面，盛亚和朱柯杰（2013）指出由于存在市场失灵、系统失灵和演化失灵，因而需要政府利用政策进行干预；张琳（2010）从市场失灵合理性、内生增长合理性、演化经济学合理性、系统失灵合理性和预期短视合理性，分析了创新政策的干预合理性、干预方向、干预重点以及合理性的缺陷；赵林海（2013）从政治需要、市场失灵和系统失灵三个方面，对创新政策加以分析并指出制定创新政策十分有必要。

以往对科技政策、人才政策等与创新驱动发展的政策的研究主要采用定性分析的方法，而随着研究方法的不断推进，当前对政策的测量开始采用内容分析法、定量研究等方法。例如，彭纪生、仲为国和孙文祥（2008）选择

1978~2006年间我国颁布的423条与技术创新相关的政策作为研究对象，结合内容分析法，研究了我国技术创新政策的强度、不同措施的应用等；程华和钱芬芬（2013）以454条产业技术创新政策为研究对象，在研究政策强度、类别的基础上，也分析了政策的稳定性。

关于科技人才创新政策的绩效作用，先前的学者也进行了大量的研究，例如，根据阿马比尔、康蒂和库恩等（Amabile, Conti & Coon et al. , 1996）的研究，证实创新驱动政策的变化对科研人员的创新创业行为会产生巨大的影响；贝列佐和沙克曼（Belezon & Schankerman, 2009），哈霍夫和霍伊尔（Harhoff & Hoisl, 2007）等研究发现物质激励措施对科研人员具有正向激励作用；张相林（2011）对我国青年科技人员科学精神现状进行了调查和分析，研究发现，创新投入、创新环境、创新组织气氛等外部因素是制约青年人才创新创业行为的重要因素。

综合来看，当前国内对于科技人才创新政策的分析数量较多、方法各异，多数的研究成果都表明国家的科技、税收、财政、环境等政策对于不同人群的创新起着不同的激励作用，各类政策总体上有效性较高。但同时也存在着细则不明确、可操作性不强、实施作用对象不明等问题，这也使得部分政策没能很好地落实并发挥其效力。因此，未来研究可以从两个方面加以优化：一方面，可以就某一类型政策更深入细致地探讨，分析政策关键的作用点和作用效力；另一方面，则可以从整体上来宏观地分析政策效果，探究整体政策中不同因素的权重大小从而加以改进。

2.1.2 政策来源和研究方法

本研究主要通过以下三种方式获得研究所需的政策文本：第一，国务院、人力资源和社会保障部、科学技术部、国家发展改革委、教育部等政府机构门户网站检索相关信息及文件；第二，运用百度、谷歌等搜索引擎加入相关关键词进行检索；第三，利用浙江省图书馆、杭州市图书馆以及浙江大学图书馆等资源查询相关档案获取信息。最终，收集到1979~2015年的77个适合本研究的政策文件。

为了能够更准确地对政策本身加以量化研究，本研究借鉴彭纪生、仲为国和孙文祥（2008），刘凤朝和孙玉涛（2007），程华和王婉君（2013）等的做法，从政策数量、政策类别、政策内容等多个方面将政策细化。同时，运用数据分析、比较分析和内容分析等方法对政策进行分析与探究。

2.1.3　中国科技人才创新政策概况

1. 政策颁布时间与数量

自 1978 年中共十一届三中全会提出实行改革开放以来，国家政策不断向科技人才培养方面倾斜，从最初对有突出贡献人才提供特殊待遇到科教兴国、人才强国战略的实施再到大众创业、万众创新思想的提出，对科技人才和创新的关注程度日渐加深。大体上科技人才创新政策演变可分为四个阶段，具体如图 2 - 1 所示。

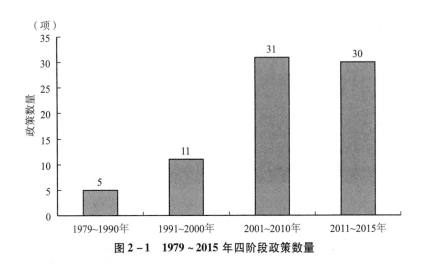

图 2 - 1　1979 ~ 2015 年四阶段政策数量

①1979 ~ 1990 年为萌芽期，该时段内颁布的政策数量相对较少，仅有 5 项，占总政策数量的 6.49%，且都与当时稀缺的博士后、突出人才、高级知识分子等相关，显示出改革开放初期对重点人才的重视。②1991 ~ 2000 年为

初始期，该时段内颁布政策数量增加到 11 项，占总政策数量的 14.29%，内容涉及优秀人才的选拔任用、科学技术奖励、新世纪人才库建设等，表明人才政策在进一步扩展和深化。③2001～2010 年为增长期，该时段内颁布政策数量快速增加至 31 项，占总政策数量的 40.26%，内容关乎百千万人才工程、引进海外人才、高技能人才培养等方面，也与该时期内的人才强国战略和海外人才增多等现实紧密相关。④2011～2015 年为稳定期，该时段内颁布政策数量为 30 项，占总政策数量的 38.96%，内容涉及创新人才推进计划、鼓励创新创业等，这与 2010 年《国家中长期人才发展规划纲要（2010－2020年)》以及 2011 年《国家中长期科技人才发展规划（2010－2020 年)》的颁布有着密切的关联。

由于国务院在 2010 年颁布了纲领性的《国家中长期人才发展规划纲要（2010－2020 年)》，并在其中做了较为细致的未来 10 年人才发展目标及实现方案，因此本研究以 2010 年为起始，进一步对 2010 年以来的 34 项政策进行了分析，如图 2－2 所示。从图 2－2 中可以看出，2011 年和 2015 年的政策数量明显高于其他年度，2011 年数量为 10 项，占该时段内总政策数量的 29.41%，2015 年为 13 项，占该时段内总政策数量的 38.36%。由于 2011 年紧邻 2010 年的《国家中长期人才发展规划纲要（2010－2020 年)》，因而与

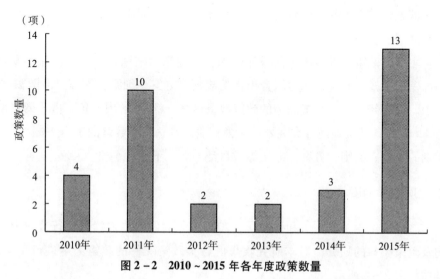

图 2－2 2010～2015 年各年度政策数量

之相关的科技人才规划、专业技术人才队伍建设、高层次专家型人才培养等也相继有政策出台提出人才发展策略；2015 年伴随着大众创业、万众创新思想的提出，一系列鼓励创新人才培养选拔、建设创新创业支撑平台、创新驱动发展战略、建立创新基地等政策也陆续出台，无疑能够为接下来的"十三五"规划目标实现提供支撑。

2. 政策颁布部门与类别

颁布政策体现了各部门对科技人才创新的重视程度和实现人才强国战略的具体操作方案，以中央政府为主的各部门都以单独或联合的方式颁布了各类政策，其中，最为关注科技人才创新的是人力资源和社会保障部与科学技术部，颁布的政策数量都是 17 项，各自占到政策总数量的 22.08%；其次是国务院，颁布的政策数量为 15 项，占总政策数量的 19.48%；再次则是国家发展改革委和教育部，各自的政策数量分别为 3 项和 4 项，合计占总政策数量的 9.09%；与科技人才密切联系的财政部颁布的政策数量相对较少，只有1 项，主要原因在于财政部政策大多与其他部门联合发布，或者是面向企业、社会群体等出台，对于鼓励个体人才创新的措施不多；另外，各部门综合颁布的文件数量也较多，有 12 项，占总政策数量的 15.58%，例如，人事部与财政部联合、中组部与中宣部联合、科学技术部与财政部、国家税务总局及其他部门联合等。

主要的政策类别有国务院颁布的条例、通知、细则、意见，各部委发布的部令、通知、规定，部门联合出台的规划、方案、细则，等等。由图 2 - 3显示。以通知和意见形式颁布的政策数量最多，都是 25 项，各自占政策总量的 32.47%；其次则是各类规划等，为 9 项，占总政策数量的 11.69%；其他类别的决定、细则、方案、办法等数目都不多，不超过 5 项。

3. 政策力度

参照彭纪生、仲为国和孙文祥（2008）等的做法，依据国家行政权力结构及政策类型的划分，对本研究收集的各类政策文件的政策力度进行量化，具体如图 2 -4 所示。

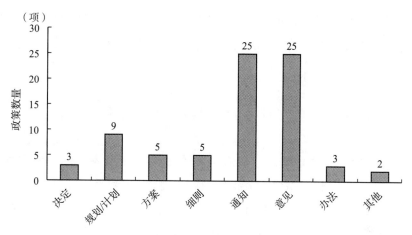

图2－3　政策类别及数量

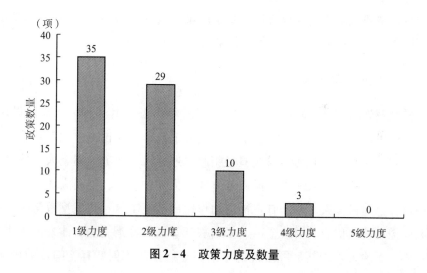

图2－4　政策力度及数量

根据本研究收集的政策文件，全国人民代表大会及其常务委员会并没有专门对科技人才创新提出相应法律法规，因而政策文件中力度为5级的政策数量为0。国务院先后出台了科学技术奖励条例和有关促进科技成果转换法的若干规定，此类政策力度为4级，数量仅有3项，占总政策比重的3.90%；国务院相关的暂行办法、纲要、意见及各部委的规定、条例等政策力度为3级，数量为10项，占总政策数量的12.99%；各部委的意见、办法、方案等政策力度为 2 级，所占比重较大，政策数量达 29 项，占比 37.66%；各类通知和实施细则数量最多为 35 项，占比 45.45%，但其政策力度也最小，仅为 1 级。

2.1.4 基于政策工具视角的科技人才创新政策分析

政策工具是公共政策制定者政治博弈的结果（黄萃、苏竣和施丽萍，等，2011），是人才强国战略目标所采取的方式方法和手段（宁甜甜和张再生，2014），同时，政策的协同作用及政策对经济绩效等的作用也能够通过政策工具分析来体现（彭纪生、仲为国和孙文祥，2008）。在对科技人才创新政策的数量、颁布部门、颁布形式等分析的基础上，为了深入挖掘政策的具体内容，本研究采用内容分析法，基于政策工具的视角，结合政策内容和政策力度等，对科技人才创新政策进行剖析。

1. X 维度：基本政策工具维度

借鉴罗思韦尔（Rothwell，1984）、宁甜甜和张再生（2014）等的做法，本研究将供给型、环境型和需求型三类政策工具作为科技人才创新政策分析的 X 维度。其中，供给型政策工具是指政府通过人才培养方案、人才信息支持、人才平台建设、人才资金投入等方式扩大人才供给，推动人才事业发展的举措，是对科技人才创新有直接推动作用的政策工具；环境型政策工具是指政府借助税收优惠、财政金融、法制法规等策略性措施为人才发展提供有利环境、免除人才创新后顾之忧的举措，对科技人才创新有着间接的影响；需求型政策工具是指政府通过引进各类高技能人才和海外人才，拓展高层次人才市场，改善人才市场供需不平衡状态促进人才市场全方位和高水平发展的举措，其对科技人才创新起着直接的拉动作用。

2. Y 维度：具体政策内容维度

按照《国家中长期人才发展规划纲要（2010-2020 年）》，将国家推动人才创新的主要政策分为：培养开发、选拔任用、流动配置和激励保障。其中，培养开发是指国家为科技创新人才培养和满足各时期高水平人才需求而出台的一系列政策，包括"百千万人才工程""千人计划""女性人才队伍建设"等；选拔任用是指对高技能人才、特殊人才、专业技术人才等做好选拔工作，对人才的任用等进行革新，包括深化人才发展体制改革、选拔青年人才任高级职务、重点创新项目科技人才引进等；流动配置是指协调科技人才在各个地区、各个领域的自由流通，促进人才市场的全面发展，包括做好西部地区人才引进工作、东部人才西部倾斜、老工业基地技术人才培育等；激励保障是指为人才创新提供必要的条件，用税收优惠、奖金津贴等形式鼓励其自主创新，包括对优秀人才的配偶或子女进行安置、提供科学技术奖励、评选杰出人才等。

3. 政策工具框架

依据上述 X 维度和 Y 维度的内容构成，研究确定的中国科技人才创新政策工具二维分析框架，如图 2 - 5 所示。

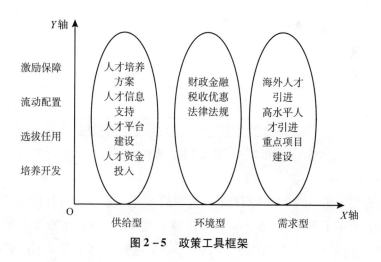

图 2 - 5　政策工具框架

4. 基于政策工具框架的内容分析

不同时期政策工具的应用，如图 2 - 6 所示。由图 2 - 6 可以看出，国家改革开放以来政策工具使用数量在不断增加，运用类型也丰富化。供给型政策几乎呈直线上升趋势，历年总计达到26项，原因可能在于改革开放初期的人才供不应求，因而迫切需要加快人才培养，而供给型政策对人才培养有极大的推动作用；环境型政策数量在各个历史时期都较多，总政策数达34项，可见国家一直保持着对科技人才的外部激励，综合运用税收等手段免除了科技人才创新的后顾之忧；需求型政策总量相对偏少，仅有17项，多与海外人才引进相关联，且在21世纪前10年数量最多，该时段内政策数量总计达11项，可能与该时期国家大力提倡海外人才归国发展，并出台了诸多有利的举措有关。

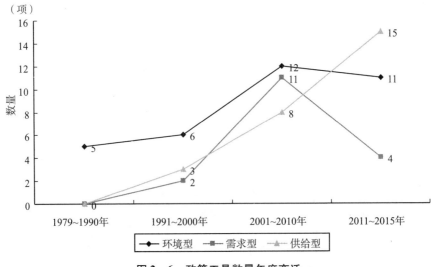

图2-6 政策工具数量年度变迁

结合政策工具的三种类型和政策内容的不同，研究可以得出如图2-7所示内容，显示了政策工具在不同政策内容上的侧重。供给型政策工具最为关注科技人才的培养开发，在此方面的政策数量达到16项；环境型政策对于科技人才创新的激励保障作用最为突出，数量达到19项，明显高于其他内容政策，但环境型政策主要是以间接的形式来对人才自主创新提供支撑；需求型政策在科技人才的选拔任用和激励保障方面作用显著，原因在于政策对人才市场的拉动作用很大程度上是靠引进海外人才和高技能人才实现的，因而对其实行激励和保障及选拔任用就显得尤为重要。

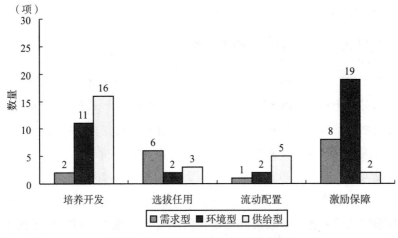

图 2-7　政策工具与政策内容数量

从图 2-7 也可以看出，涉及科技人才的激励保障和培养开发的政策数量最多，都是 29 项，占政策总量的 37.67%；而有关人才的选拔任用和流动配置政策数量则相对较少，分别为 11 项和 8 项，占比 14.26% 和 10.39%。

此外，对政策颁布数量最多的 2011 年和 2015 年进行细致分析可以发现，这两年都非常重视人才的培养开发，政策力度分别达 7 和 17，明显高于其他年度；对人才的流动配置与激励保障在 2015 年时力度有所提升，力度分别为 9 和 2；有关激励保障的政策力度则相对均衡，保持在 5 左右。由于政策的影响具有累计效应，上年度政策可能会影响到之后年度的政策实施效果，因此对有关政策的累计力度同样加以分析，结果表明，科技人才创新政策中对于人才培养开发的政策累计力度明显高于其他类型；对人才的流动配置和激励保障措施累计力度居中；有关人才选拔任用的政策力度最小。

2.1.5　结论

通过选取 1979~2015 年国务院、人力资源和社会保障部、科学技术部、国家发展改革委员会、中共中央组织部等颁布的与科技人才创新相关的 77 项政策，基于政策工具的视角，对 77 项政策进行了内容分析，主要得到以下几个方面的结论：

1. 科技人才创新政策体系初步形成

改革开放以来国家颁布了大量的政策来促进科技人才自主创新，从改革开放初期对博士后等当时特殊人才的重点关注到"十三五"规划的大众创业、万众创新工程，国家对于人才创新的激励由少及多、由个别到全体群众、由海外到国内不断变化，充分体现了国家对人才创新重要性认识的日渐加深以及建设人才强国的决心。尤其是进入 21 世纪以来，2011 年和 2015 年颁布的政策数量急剧增长，也显示了新一届国家领导团队对人才的高度重视和建设创新型国家的梦想。在政策数量增长的同时，政策力度也实现了同步的增长，特别是对人才的培养开发，累计力度明显高于其他类别。另外，各类供给型、环境型、需求型政策数量也伴随着社会经济发展显著增加，实现了最初对间接型环境政策的高度依赖到各类政策共同驱动的巨大转变。总体而言，国家已经逐渐形成了较为完善的推动科技人才引领创新驱动发展的政策体系。

2. 参与政策颁布部门不断增加

依据收集的政策文件资料显示，参与政策颁布的部门由最初的以国务院、人力资源和社会保障部为主导发展到了后来的各部委单独或共同出台政策，包括教育部、国家税务总局、国家知识产权局、国家发展改革委员会、中共中央组织部、劳动和社会保障部等机关都有参与到政策发布中来。此类多部门联合的形式一方面有利于国家在出台政策时能够集思广益地结合各方意见使政策更为合理可行，另一方面也使得更多的政策在具体的部门细则或实施方案中得以细化、可操作性增强，从而使政策的真实落实更有保障。这也体现了国家正在整合各部委力量，全面推动科技人才创新。

3. 不同政策工具与政策内容的运用存在差异

就 X 维度的政策工具而言，环境型政策工具的运用最多，但其对科技人才创新的作用只能通过间接的形式表现，并不能深层次地提升人才自主创新的动力和激发人才自主创新的热情；尽管需求型政策工具的作用更为直接和快捷，但其数量仅为环境型政策数量的一半，作用并没有得到充分的发挥；同时供给型政策工具的运用也相对偏少，只在近年来得以迅速增加。

在 Y 维度方面，政策内容上涉及人才培养开发和激励保障的数量明显高于关注于人才选拔任用和流动配置的，这在一定程度上体现了国家对人才培养的高度需求和保障优秀人才创新的高度重视。此外，科技人才在不同地区存在较大偏差，东部地区人才资源明显比西部地区丰富，但涉及东西部人才共同培养发展的政策数量则非常少；同时科技人才在不同领域的数量也有所差异，但关注于尖端科技人才培养的政策也很少。

2.2　中国大学生创业政策的演化研究

2.2.1　文献回顾

早在 1936 年，著名创新学者约瑟夫·熊彼特就提出"创业活动是经济发展的主要推动力，也是经济体系发展的内在根源"（熊彼特，1979）。在我国大力倡导"大众创业、万众创新"的背景下，越来越多的大学生也参与到创业活动中来，成为最为活跃的创业生力军。为激发大学生创业激情，引导大学生积极、高效地进行创业，各大高校率先推出了诸多行动方案，例如，创业计划、创业基金、创业平台搭建等扶持大学生创业。然而，部分研究指出单一的高校支持难以有力支撑大学生创业，综合协同政府与高校的不同优质创业资源才能更有效地促进大学生创业（陈文娟和徐占东，2016）。因此，深入研究我国所制定的推动大学生创业的政策，通过分析政策的力度、侧重点等，识别出政策的优缺点，为未来政策的完善与出台提供借鉴，显得尤为重要。

以往诸多学者围绕大学生创业政策展开了研究，主要集中于两个方面：

大学生创新政策体系与大学生创业政策的绩效评价。在大学生创业政策的体系方面，以往的研究主要关注现有政策的问题、困境等，其中，涉及政策输入时目标与体系不健全、政策实施过程中执行与监督不到位、政策输出时效果与评价机制不完善等（刘泽文，2015），例如，刘军（2015）对大学生创业政策中的教育、创业融资、创业环境、商务支持政策等单元政策之间的关系进行研究，找出了政策体系中存在的问题；叶映华（2011）剖析了大学生创业政策中存在的困境，并提出了政策如何转型。在大学生创业政策的绩效评价方面，先前研究表明不同政策对大学生创业效果的影响不同，政策对不同时期的大学生创业也存在不同影响，例如，商务支持、金融支持、创业教育、配套措施及创业文化等都能够正向地作用于大学生的内在和外在创业动力，且金融支持与配套措施的影响尤其显著（李良成和张芳艳，2012）；但是，政府的创业扶持政策也可能造成大学生与其他创业者间的不公平竞争，一定程度上助长了大学生创业的依赖心理，因而政策的支持功能要适时适度，并能够延伸至创业后期（王惠，2014）。

从上述研究中可以看出，先前诸多学者围绕着大学生创业政策展开了大量的研究，也取得了较大的进展，但仍存在不足之处。其一，以往对大学生创业政策体系的研究侧重于定性探讨，缺乏对政策的量化研究，以致难以准确把握大学生创新政策体系的内在特征；其二，大学生创业政策涵盖多个方面，例如，政策的类型、颁布部门、政策力度等，而以往的研究缺乏对政策的不同内容之间的关联度的分析。鉴于此，本章节通过资料查阅收集到了1999～2015年有关大学生创业的68项政策，利用共词矩阵分析从微观层面对政策文本内容作了细致分析。

2.2.2　研究方法与政策来源

最早对创业政策进行系统化研究的是伦德斯特伦（Lundstrom）和史蒂文森（Stevenson），从创业政策的目的和功能角度出发，认为创业政策是指通过影响创业者的创业动机、机会以及技能从而提高其创业水平的政策措施，该政策措施的最终目的在于激发经济主体的创业精神、激励更多的人从事创业活动并建立企业（Lundström & Stevenson，2005）。综合创业和政策二者的语意内涵，创业政策也被理解成是政府通过营造良好的创业环境，为创业者提供更好的从事创业活动机会而采取的政策措施（Hart，2004）。此类措施涵盖了政府治理能力的各个方面，从广义上体现了由制度政策影响经济活动的政府意志；而从狭义的概念上来看，创业政策特指那些激励更多个体创建自己的企业，维持企业生存，提高初创企业存活率的具体措施（Degadt，2004），表现为提供各类税收、融资优惠，实施各种创业奖励，进行创业培训、指导等。

结合伦德斯特伦和史蒂文森（Lundstrom & Stevenson，2005）、哈特（Hart，2004）等的研究，本研究将大学生创业政策界定为，政府制定的用于激发大学生创业动机的各类措施，包括为大学生提供一定的创业机会、帮助其获取所需的创业技能等。根据大学生从创业政策的概念，本研究主要通过以下几个途径获得研究所需要的政策文本：

①国务院、国务院办公厅、教育部、财政部、科技部、人力资源和社会保障部、国家发展改革委员会、共青团中央、中国人民银行、国家税务总局以及国家工商总局等与大学生创业可能存在关联的部门门户网站检索相关信息及文件；②运用百度、谷歌、必应等搜索引擎输入"大学生创业""创业扶持政策"等相关关键词进行资源检索，包括浏览全国大学生创业服务网站等；③利用浙江省图书馆、杭州市图书馆以及浙江大学图书馆等的文献数据库、纸本资源等加以检索。最终，研究共收集到了国家层面1999~2015年间68份适合分析的政策文件。

参考刘忠艳（2016），苏敬勤、许昕傲和李晓昂（2013）等的做法，采用共词矩阵分析方法对大学生创业政策具体内容进行主题词提炼和社会网络图谱分析，从而在微观层面对政策内容进行细化研究。

2.2.3 中国大学生创业政策的政策概况描述性分析

1. 政策演化周期

为了更好地响应并实施国家的科教兴国战略，适应国际上教育改革的大趋势，为新世纪社会经济发展做好人才工作，教育部于 1998 年年底制定了《面向 21 世纪教育振兴行动计划》，明确提出要鼓励和支持大学生自主创业。1999 年年初国务院批转了该计划，这也标志着大学生创业被正式确立为国家的一项重要政策，同年首届大学生"挑战杯"创业计划大赛也正式启动，时任国家主席江泽民在第三次全国教育工作会议上的讲话提出，要通过教育部门的努力，培养出越来越多的不同行业的创业者，因而本研究视 1999 年为中国大学生创业政策实施的元年，在此基础上对 1999 年以来截至 2015 年的相关政策进行分析。

从最初鼓励大学生创业口号的提出到相关优惠政策出台、普遍的创新创业活动开展，再到更多部门参与、更全面的创业服务的提供，以及新一代领导人大众创业、万众创新理念的传播，可以看出国家的大学生创业政策正在逐步地呈现指导专业化、内容丰富化和操作细致化。参考夏人青、罗志敏和严军（2012）等的研究思路，本研究将大学生创业政策的演化主要分为四个阶段，如图 2-8 所示。

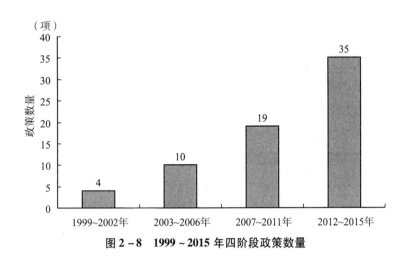

图 2-8 1999～2015 年四阶段政策数量

（1）1999～2002 年为萌芽期，该时段内颁布的大学生创业相关政策数量比较少，仅有 4 项，占总政策数量的 5.88%。此阶段主要在高校内普及创业知识、倡导创业理念，引领大学生从高科技产业着手来进行创业，共青团、各级政府、高校等为鼓励支持大学生创业还举办了各类创业大赛，开展创业教育，开设创业课程等。

（2）2003～2006年为探索期，该时段内政策数量相对上升，为10项，占总政策数量的14.71%。此时大学生数量剧增，国家不再包办毕业生的工作，就业问题开始显现，国务院等加大了对创业的支持力度，出台了相关税收优惠、融资优惠等政策，而且鼓励大学生创立个体零售、服务等企业，广泛的创业活动开展起来。

（3）2007～2011年为增长期，此阶段内政策数量稳步增加，为19项，占总政策数量的27.94%。受金融危机的影响劳动力市场需求下降，大学生就业问题日益严峻，以创业来促进就业愈加成为国家明确的政策信号，教育部、财政部等各部委联合起来从创业技能培训、创业教育、创业服务等方面为大学生创业提供更全面的支持。

（4）2012～2015年为高速增长期，该时段内颁布的大学生政策数量大幅增加，为35项，占总政策数量的51.47%。伴随着国家大众创业、万众创新思潮的普及大学生创业不再是空头口号，而是实实在在可操作的，教育部针对如何创业、需要什么条件、享受哪些优惠等还专门制作了大学生自主创业手册来引导学生创业，此阶段大学生创业的数量也快速上升，2015年大学生自主创业比例已达3%。

2. 政策颁布部门

出台政策体现了各部门对大学生创业的重视与支持，也是实施国家科教兴国、人才强国战略的主要依据，以国务院为代表的各部委都以单独或联合的形式颁布了相关政策，如图2-9所示。其中，国务院办公厅出台政策数量最多，为13项，占总政策数量的19.12%，其与国务院合计出台了政策24项，占总政策数量的35.29%；其次则是人力资源和社会保障部，以各类通知的形式出台了政策12项，占总政策数量的17.65%；与大学生密切相关的教育部独立出台政策数量为8项，占总政策数量的11.76%；财政部单独发文数量只有2项，其多是与其他部委综合发布政策，因而综合类政策数量也相对较多，为12项，占总政策数量的17.65%；共青团中央也较为关注大学生创业，其发布的政策数量为 5 项，占部政策数量的 7.35% ；其他如国家发展改革委、国家工商总局、国家税务总局以及中央人民银行等针对大学生创业出台过税收、贷款等方面的优惠政策，数量相对较少，各自为 1～2 项。

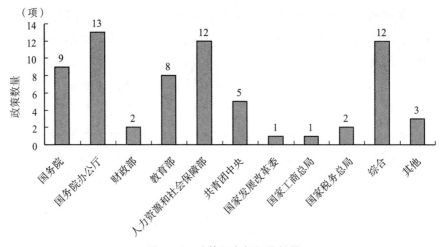

图 2 - 9 政策颁布部门及数量

3. 政策力度

依据国家行政权力结构及政策类型的划分，参照彭纪生、仲为国和孙文祥（2008）等的分类方式，对本研究获得的各类政策文本进行政策力度量化，如图 2 - 10 所示。其中，政策力度为 1 级的政策数量最多，为 34 项，占总政策数量的 50% ，主要是各部委的通知等，政策力度最小；政策力度为 2 级的为 10 项，占总政策数量的 14.71% ，主要是各部委的意见、办法、规定、条例等；政策力度为 3 级的有 14 项，占总政策数量的 20.59% ，主要是国务院办公厅的各类意见等；政策力度为 4 级的有 9 项，占政策数量的 13.23% ，包括国务院条例、计划，各部委部令等；政策力度为 5 级的主要是国家的法律法规，本研究中有 1 项，即《中华人民共和国中小企业促进法》，占总政策数量的 1.47% 。

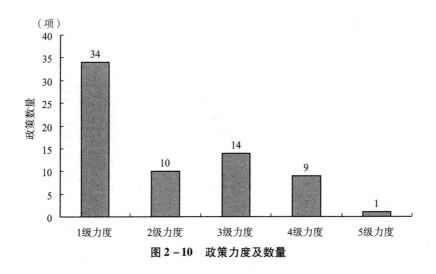

图 2 - 10　政策力度及数量

2.2.4　中国大学生政策内容共词矩阵分析

1. 中国大学生创业政策主题词分析

主题词是能充分反映政策文本内容并高度概括政策内容核心的词汇，依据主题词选取的"代表性、全面性、独立性、假设性"四原则（孙蕊和吴金希，2015），遵循内容分析法的一般步骤，本研究进行主题词提炼。借助于Nvivo 8.0 软件首先自定义政策样本中主题词并形成词库，然后人工提取与大学生创业相关的主题词，为保证研究科学性，研究人工提取环节邀请了 2 名硕士及以上学历人员共同参与，并让 1 名领域专家进行了审核。剔除掉部分出现频率低于 3 次（即仅出现 1 次或 2 次）的词汇，最终筛选出了 29 个具有代表性的主题词，包括"大学生创业""创业教育""创业引领计划"等。参照罗斯韦尔（Rothwell，1986）、宁甜甜和张再生（2014）的政策工具研究方法，研究将主要的政策类型分为供给型、需求型和环境型。具体的政策类型主题词词数统计如表 2 - 1 所示。

表 2 - 1　　　　　　　　大学生创业政策类型高频主题词统计　　　　单位：次

供给型政策		环境型政策		需求型政策	
主题词	频次	主题词	频次	主题词	频次
大学生创业	62	财政支持	30	创业培训	25
创业服务	31	税费减免	25	创业实践	12
政策扶持	25	融资支持	22	创业意识	11
平台基地	24	减免行政费	13	创业能力	11
创业教育	21	小额贷款	12	政策咨询	11
创业基金	13	创业环境	9	创业师资	8
创业引领计划	10	落户便利	9	政策宣传	7
创业基金	8	场地扶持	9	创业竞赛	5
跟踪服务	6	放宽学籍限制	6	创业榜样	4
保障体系	5	创业信息	5		
总计	205	总计	140	总计	94

从表 2 - 1 中可以看出，就主题词出现频率而言，大学生创业、创业服务、财政支持、政策扶持、税费减免、创业培训 6 类主题词出现频率最高，分别为 62 次、31 次、30 次、25 次、25 次与 25 次；然而，保障体系、创业信息、创业竞赛与创业榜样出现频率较低，分别为 5 次、5 次、5 次与 4 次。在供给型、环境型和需求型政策方面，三类政策主题词出现的频率为 205 次、140 次和 94 次。其中，供给型政策主要是指政府通过创业服务、创业教育、指导辅导、创业基金和创业平台等方式来鼓励创业；环境型政策是通过税费减免、行政费减免、融资支持、落户便利等为大学生创业创造有利的环境，免除其创业后顾之忧；需求型政策是通过创业培训、创业师资、政策宣传等来拉动大学生创业，提高其创业意识和积极性。

2. 中国大学生创业政策主题词网络图分析

为进一步探究 29 个主题词之间的关系，探索大学生创业政策中居于中心地位的主题词与其他词汇间关系的紧密程度，本研究对政策文本进行共词矩阵社会网络图分析，如图 2 - 11 所示。

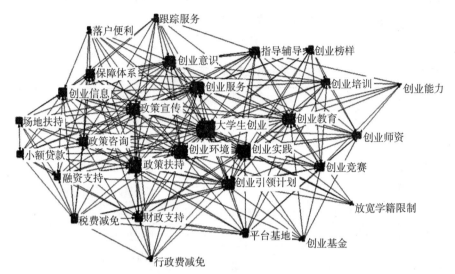

图 2 - 11 大学生创业政策主题词关系网络

在图 2 - 11 中可以看到，"大学生创业"居于主题词关系网络图的中心，节点最大，与其他节点间连线也最多，几乎与其他所有主题词都存在关联；其次则是"创业服务""创业实践"与"创业环境"，与其他主题词联系也较为紧密，表明这 3 个主题词在大学生创业政策中起着非常重要的作用，例如，创业实践是影响大学生创业意识和能力的关键；位于边缘的如"创业能力""创业师资""放宽学籍限制"等则与其他主题词关联稍弱，节点比较小，表明它们在大学生创业政策文本中并不常出现，仅起到辅助性的作用。此外，主题词间也存在着聚类关联，如"财政支持"一般都伴随着"税费减免""行政费减免""小额贷款"等与财政政策有关的主题词一起出现，此类主题词在网络图中的位置也比较邻近；而"创业能力""创业师资""创业榜样"等则多与"创业教育"出现在同一政策文本中。

3. 中国大学生创业政策主题词中心度分析

为了对主题词在共词矩阵中的位置进行量化，反映出各节点的集中趋势以及各节点在网络中的位置，本研究利用 Ucinet 6.0 软件的 Network 功能，通过网络中心势和点度中心度对中国大学生创业政策主题词中心度分析（苏敬勤、许昕傲和李晓昂，2013），结果如表 2-2 所示。

表 2-2　　　　　　　　大学生创业政策主题词中心度

排序	主题词	点度中心度	排序	主题词	点度中心度
1	大学生创业	28	16	小额贷款	16
2	政策咨询	26	17	指导辅导	16
3	创业环境	24	18	创业竞赛	16
4	创业引领计划	23	19	创业培训	15
5	政策扶持	23	20	税费减免	14
6	创业实践	23	21	场地扶持	14
7	创业服务	22	22	创业师资	14
8	创业意识	22	23	创业榜样	13
9	政策宣传	22	24	跟踪服务	12
10	平台基地	21	25	落户便利	10
11	创业教育	20	26	行政费减免	8
12	创业信息	20	27	创业基金	8
13	保障体系	19	28	放宽学籍限制	7
14	财政支持	18	29	创业能力	6
15	融资支持	16			

注：网络中心势值为 63.05%。

通过对共词矩阵进行分析，本研究得到网络中心势值为 63.05%，表明 29 个主题词之间具有非常高的集中趋势，关联性也很强，即大学生创业政策文件涉及的内容相对集中，主要集中于与供给型和环境型相关的创业服务、财政支持等方面。表 2-2 的点度中心度反映了主题词与其他词在同一文本中一起出现的频次，研究中"大学生创业"的点度中心度最高，它与其他主题词一起出现的次数是 28 次，主题词中的所有其他主题词都与其存在关联；

"政策咨询""创业环境""创业引领计划""创业实践"的点度中心度也较高，分别与其他主题词在同一政策文本中出现 26 次、24 次、23 次和 23 次。

2.2.5 研究结论

采用共词分析法对 1999～2015 年间国家相关部门出台的与大学生创业相关的 68 项政策文本进行了量化分析，主要得出了以下几点结论：

（1）中国大学生创新政策由 29 个主题词构成，以供给型政策为主。中国大学生创新政策由大学生创业、创业服务、创业支持、政策扶持、税费减免、创业培训等 29 个主题词构成，主题词出现的频次有较大差异，最高的为 62 次，最低的为 4 次。就政策类型的主题词分析而言，主题词与供给型政策相关的数量最多，为 205 次，词频出现次数远高于需求型政策与环境型政策，例如，创业服务、创业教育、创业引领计划等；然而，尽管需求型政策的作用更为直接和快捷，但其数量相对偏少。此外，环境型政策相关主题词出现频率也较高，多是与财政支持、融资支持、场地扶持等相关联。

（2）中国大学生创新政策的 29 个主题词之间的关联度较高。点度中心度分析和共词矩阵网络图分析表明，以"大学生创业"为中心，相关政策主题词聚集、关联较强，网络中心势值为 63.05%，这表明大学生创业已成为当前国家政策的关注焦点，同时围绕着大学生创业的系列议题，例如，"创业环境""创业实践""创业服务"等奠定了促进"大学生创业"有效运作的重要基石，并形成了大学生创业政策体系的网络结构系统。网络图中"创业教育""政策扶持"等与其他主题词的关联也较为密切，表明创业教育也是大学生创业政策中的重要因素。

（3）中国大学生创新政策中的主题词呈现聚类分布。"税费减免""融资支持""行政费减免""小额贷款"等形成了集中于"财政支持"的主题词聚类，"创业师资""创业竞赛""创业培训"等则形成了集中于"创业实践"的主题词聚类，"创业信息""跟踪服务""落户便利"等主题词集聚于"保障体系"，这表明关联度高的主题词相伴出现的频率比较高的同时，也意味着中国大学生创新政策的内容集聚度高，政策内容呈现一定的模块化。

2.2.6 对策与建议

当前国家大力提倡大学生创业，实质上是国际环境与国内背景等因素共同作用的结果。国际上大学生创业蔚然成风，各国对于大学生创新、创业意识和能力高度重视；国内大学生群体数量庞大，存在严重的就业困境，亟须培养大学生创业从而由"岗位需求者"转变为"岗位创造者"。结合研究结论，本研究认为可以从以下两个方面加以改进和完善：

（1）综合运用各类政策，丰富健全需求类型政策。当前大学生专业背景、能力素质、创业阶段等各不相同，供给型、环境型和需求型政策对大学生创业的作用发挥也存在较大差异，因而需要结合实际情况来综合运用各类型政策从而有针对性地指导并扶持大学生创业，让各个政策都能发挥其应有功效。尤其宜丰富健全需求类型政策内容，引导大学生创业由被动转向主动、由概念模糊转向政策熟通、由能力薄弱转向技能成熟，从而更积极、成功地进行创业。

（2）集成整合创业各环节政策内容，发挥政策应有功效。大学生创业表现出一定的阶段性特征，因而对大学生创业的扶持应集成整合创业各环节政策内容，适时做出政策合理内容调整，有针对性地加以支持。例如，创业前期鼓励支持高校在创业教育中加强大学生创业兴趣培养、创业知识传授等，强化大学生创业基地与创业平台建设；创业中期应鼓励银行、税务、工商、财政等相关部门加强税收优惠，倡导金融机构提供融资支持；创业后期可以进行跟踪指导，加强创新成果的二次转化与应用等。

此外，综合大学生个体的特质与国家社会文化背景、外部环境等因素的关系研究发现，内因与外因共同作用于大学生创业动机和行为，个体感知到的主观规范、创业自我效能、创业能力及创业经历等显著影响到大学生的创业意向（彭正霞、陆根书和康卉，2012）。因此，大学生创业政策的制定与实施，也还需综合考虑大学生个体、社会环境等各个方面因素的作用。

2.3 小　　结

为客观评估以往的科技人才创新政策，发现先前政策取得的进展和存在的不足，为下一步更加有针对性地制定政策提供借鉴，本章选取了改革开放以来国家各部门颁布的 77 项科技人才政策，分析了政策数量、颁布部门、颁布形式以及政策的力度，并从 X 维度（供给型、环境型和需求型政策工具）及 Y 维度（培养开发、选拔任用、流动配置、激励保障）两个方面深入剖析了国家推动人才引领创新驱动发展的政策特点；在此基础上，对政策研究加以总结。同时，选取 1999～2015 年国家相关部门出台的 68 项促进大学生创业的政策，采取共词矩阵分析方法，借助 Nvivo 8.0 软件，对大学生创业政策的内容重点、政策类型等进行了系统分析。结果发现：中国大学生创新政策由 29 个主题词构成，以供给型政策为主；政策的主题词之间的关联度较高，并呈现聚类分布。未来应从丰富需求类型政策，集成整合创业各环节政策内容，发挥政策应有功效等方面对大学生创新政策进行完善。①

---

① 本章部分内容发表于《上海经济研究》2017 年第 3 期和《教育发展研究》2017 年第 1 期。

| 3 |

科技人才对创新政策环境的评价研究

本章基于对浙江省 2019 名科技人才的调查，对比分析了不同地理区域的科技人才对管理体制、培训与交流环境、科研支持环境、创新激励环境、人才流动环境 5 个方面的创新环境的评价情况；在此基础上，采用 Logit 回归分析，进一步研究了性别、学历、工作年限、职称、职务、工作类型、单位和区域等因素对创新环境各个方面评价的影响。

3.1 文 献 回 顾

国内外学者从宏观层面与微观层面对创新环境进行了一定的研究。从宏观层面，学者们的研究相对较多。例如，翁媛媛和高汝熹（2009）从制度环境、资源环境、市场环境和文化环境四个方面，建立了科技创新环境的评价指标体系，采用基于时序的因子分析法对上海市 1993～2006 年的科技创新环境进行了分析；刘立涛和李琳（2008）在构建区域创新环境指标体系的基础上，采用因子分析与聚类分析相结合的综合集成评估方法，对我国 31 个（省、区、市）2001～2006 年区域基础环境、人文环境、市场环境与创业环境进行了定量评估及比较；李婷和董慧芹（2005）在界定科技创新环境的内涵及其影响因素的基础上，对科技创新环境评价指标体系的构建进行了探讨。

从微观层面，学者们主要关注对企业或高校创新环境的评价研究。例如，伯霍普和吕贝尔斯（Burhop & Lübbers，2010）以德国化学与电子工程两类行业为例，研究了对科学家实施不同创新激励措施对创新产出的影响。贝列佐和沙克曼（Belezon & Schankerman，2009）、霍尼格－哈弗特勒和马丁（Honig – Haftel & Martin，1993）、哈霍夫和霍伊尔（Harhoff & Hoisl，2007）等的研究表明物质激励措施对科技人才具有良好的激励作用，能显著提高创新产出。杨丽（2009）以山东企业科技人员作为研究对象，从企业的创新文化、创新的风险报酬、创新成就、固定保障等八个方面研究了企业科技人员技术创新的激励环境，结果发现，固定保障、创新成就和创新文化在企业科技人员技术创新激励中最重要。何光喜和孔欣欣（2011）从硬件环境、政策环境、市场环境和文化环境等 4 个方面分别选取 9 个指标对我国创新环境进行了评价与研究。

从上述研究中，可以看出，目前对创新环境的评价研究虽然取得了一定的进展，但也存在着不足之处。一方面，国内外的研究以二手数据为主，主要停留在对宏观层面的创新环境评价，忽略了对创新的主体——科技人才的创新环境的调查研究；另一方面，微观层面对创新环境维度的划分过于细化，导致涵盖的面较窄，例如，缺乏对科技人才培训与交流环境、人才流动环境的研究等。

3.2 研究设计

3.2.1 问卷设计

调查问卷共分为两个部分。第一部分是创新环境评价指标。主要根据《国家中长期人才发展规划纲要（2010 – 2020 年)》以及与浙江省科技厅人事处相关专家和部分科技人才的交流实际访谈，筛选出科技人才创新环境的主要构成因素，最终确定将管理体制、培训与交流环境、科研支持环境、创新激励、人才流动环境 5 个方面作为调查的主要内容。题项采用李克特（Likert）5 级量表，1 代表非常不同意，5 代表非常同意。第二部分是反映被调查者背景特征的相关问项，包括性别、学历、工作年限、职称、职务、工作类型、单位类型等。

3.2.2　问卷发放与数据收集

由浙江省科技厅人事处负责网络问卷的发放和回收，并对回收问卷进行编码和统计分析。被调查对象为实际从事科学和技术知识的产生、促进、传播和应用活动的人。问卷调查时间在 2011 年 11 月初开始，到 12 月底结束，历时两个月。在浙江省的 11 个地区共发放调查问卷 3200 份，回收有效问卷 2019 份，有效回收率为 63.09%。无效问卷是有以下三种现象之一的：问卷选项的缺失值严重、前后回答明显不一致、存在鲜明的雷同现象。本研究从科技人才性别、年龄、工作年限、教育专业、学历、职称、职务、工作年限、工作类别、单位类型与单位区位等方面对样本进行描述性分析，见表 3 - 1。

表 3 - 1　　　　调查对象的基本情况（样本数：$N = 2019$）

项目	变量	比例（%）	项目	变量	比例（%）
性别	男	68.30	教育专业	自然科学	18.03
	女	31.70		其他专业	81.97
年龄	25 岁以下	1.93	学历	大专及以下学历	7.73
	26~35 岁	45.72		本科	21.35
	36~45 岁	34.92		硕士	33.63
	45 岁以上	17.43		博士	37.30
工作年限	3 年以下	13.03	职称	无职称	5.94
	3~5 年	11.94		初级	7.97
	5~10 年	22.88		中级	38.73
	10~15 年	15.11		副高级	33.58
	15 年以上	37.05		高级	13.77

续表

项目	变量	比例（%）	项目	变量	比例（%）
职务	普通员工	66.52	单位类型	高校	65.03
	中层领导	23.92		科研院所	11.64
	高层领导	9.56		企业	23.33
工作类别	研发型	29.37	单位区位	杭州	43.19
	其他	70.63		单位其他	56.81

3.3 实证分析

本研究采用 SPSS 统计软件，对调查结果进行统计分析。

3.3.1 总体创新环境的评价

总体科技人才对创新环境的评价情况，见表 3-2。此外，表 3-2 还给出了科技人才对创新环境的满意度情况，其中，满意度包括选择非常满意和比较满意的两类。同时，为了定量比较分析科技人才对创新环境的评价，本研究将问题中的 5 个级别评价按照 1、2、3、4、5 分别赋值，然后计算了总体科技人才对创新环境评价的均值，此外选取 3.5 分作为标准，将均值与 3.5 分进行统计检验。

表 3-2 总体创新环境评价

创新环境	统计	非常不满意	比较不满意	一般	比较满意	非常满意	满意度	均值	t 值比较
管理体制	频次	36	145	177	1128	533	1661	3.98	24.083***
	百分比	1.78%	7.18%	8.77%	55.87%	26.40%	82.27%		
培训与交流	频次	85	508	35	983	408	1391	3.56	2.092**
	百分比	4.21%	25.16%	1.73%	48.69%	20.21%	68.90%		

创新环境	统计	非常不满意	比较不满意	一般	比较满意	非常满意	满意度	均值	t 值比较
科研支持	频次	119	598	41	962	299	1261	3.36	-5.235***
	百分比	5.89%	29.62%	2.03%	47.65%	14.81%	62.46%		
创新激励	频次	156	594	128	942	199	1141	3.21	-10.753***
	百分比	7.73%	29.42%	6.34%	46.66%	9.86%	56.52%		
人才流动	频次	102	435	282	941	259	1200	3.41	-3.799***
	百分比	5.05%	21.55%	13.97%	46.61%	12.83%	59.44%		

注：*、**与***分别表示10%、5%与1%的统计显著性。

从表3-2中可以看出，科技人才对管理体制的评价"非常不满意""比较不满意""一般""比较满意"和"非常满意"的分别为1.78%、7.18%、8.77%、55.87%和26.40%；科技人才对培训与交流环境的评价"非常不满意""比较不满意""一般""比较满意"和"非常满意"的分别为4.21%、25.16%、1.73%、48.69%和20.21%；科技人才对科研支持环境的评价"非常不满意""比较不满意""一般""比较满意"和"非常满意"的分别为5.89%、29.62%、2.03%、47.65%和14.81%；科技人才对创新激励环境的评价"非常不满意""比较不满意""一般""比较满意"和"非常满意"的分别为7.73%、29.42%、6.34%、46.66%和9.86%；科技人才对人才流动环境的评价"非常不满意""比较不满意""一般""比较满意"和"非常满意"的分别为5.05%、21.55%、13.97%、46.61%和12.83%。

总体而言，科技人才对5个方面创新环境的满意度介于一般与比较满意之间，评价分值都在3分以上，其中经t值检验，管理体制、培训与交流环境的评价分值显著高于3.5分。同时，也可以看出，科技人才对管理体制的满意度最高，达到了82.27%；其次是培训与交流环境，满意度为68.9%；再次是科研支持环境，满意度为62.46%；对人才流动环境与创新激励环境的评价偏低，分别为59.44%与56.52%，尤其是创新激励环境的均值仅为3.21。

3.3.2　不同性别科技人才对评价的差异性比较

1. 不同性别的科技人才对管理体制的评价

科技管理体制作为国家科技创新体系的基础，对于促进科技事业的快速发展起着决定性的作用（张小红和张金昌，2011）。不同性别的科技人才对管理体制环境的评价状况、满意度分析、均值以及统计检验情况，见表 3 - 3。

表 3 - 3　　　　　　　　不同性别的科技人才对管理体制的评价

性别	统计	非常不满意	比较不满意	一般	比较满意	非常满意	满意度	均值	统计检验
男	频次	28	109	98	778	366	1144	3.99	$\chi^2(4)$ = 18.599 $P < 0.01$
	百分比	2.03%	7.90%	7.11%	56.42%	26.54%	82.96%		
女	频次	8	36	79	350	167	517	3.98	
	百分比	1.25%	5.63%	12.34%	54.69%	26.09%	80.78%		

表 3 - 3 的分析结果表明，男性科技人才对管理体制的评价"非常不满意""比较不满意""一般""比较满意"和"非常满意"的分别为 2.03%、7.90%、7.11%、56.42% 和 26.54%；女性科技人才对管理体制的评价"非常不满意""比较不满意""一般""比较满意"和"非常满意"的分别为 1.25%、5.63%、12.34%、54.69% 和 26.09%。不同性别的科技人才对管理体制的评价还是相对比较高的。其中，就男性科技人才而言，比较满意和非常满意的占到了 82.96%，评价分值为 3.99；相比较而言，女性科技人才的满意度为 80.78%，评价分值为 3.98。结果反映出，男性与女性科技人才相比，对于目前的管理体制环境更满意。卡方检验表明，这一结果在总体中也成立（$P < 0.01$）。

2. 不同性别科技人才对培训与交流环境的评价

培训与交流环境是能满足广大科技人才的需求，确保创新活动的投入能最大限度地产生经济和社会效益的必要条件之一。不同性别的科技人才对培训与交流环境的评价状况、满意度分析、均值以及统计检验情况，见表 3 – 4。

表 3 – 4　　　　　不同性别的科技人才对培训与交流环境的评价

性别	统计	非常不满意	比较不满意	一般	比较满意	非常满意	满意度	均值	统计检验
男	频次	52	351	20	665	291	956	3.57	$\chi^2(4)$ =6.067 $P>0.1$
男	百分比	3.77%	25.45%	1.45%	48.22%	21.10%	69.32%	3.57	
女	频次	33	157	15	318	117	435	3.51	
女	百分比	5.16%	24.53%	2.34%	49.69%	18.28%	67.97%	3.51	

表 3 – 4 的结果显示，男性科技人才对培训与交流环境的评价"非常不满意""比较不满意""一般""比较满意"和"非常满意"的分别为 3.77%、25.45%、1.45%、48.22% 和 21.10%；女性科技人才对培训与交流环境的评价"非常不满意""比较不满意""一般""比较满意"和"非常满意"的分别为 5.16%、24.53%、2.34%、49.69% 和 18.28%。男性与女性科技人才对培训与交流环境的评价的分值分别为 3.57 和 3.51，满意度分别为 69.32% 和 67.97%。结果反映出，男性与女性科技人才对于目前的培训与交流环境是满意的。但卡方检验表明，男性与女性之间的差异并不明显（$P>0.1$）。

3. 不同性别科技人才对科研支持环境的评价

创新是一个从投入到产出的系统过程，科研支持环境是确保创新活动能够有效开展的前提。不同性别的科技人才对科研支持环境的评价状况、满意度分析、均值以及统计检验情况，见表 3 – 5。

表3-5   不同性别的科技人才对科研支持环境的评价

性别	统计	非常不满意	比较不满意	一般	比较满意	非常满意	满意度	均值	统计检验
男	频次	84	393	25	655	222	877	3.39	$\chi^2(4)$ =8.049 $P<0.1$
男	百分比	6.09%	28.50%	1.81%	47.50%	16.10%	63.60%	3.39	
女	频次	35	205	16	307	77	384	3.29	
女	百分比	5.47%	32.03%	2.50%	47.97%	12.03%	60.00%	3.29	

从表3-5中可以看出,男性科技人才对科研支持环境的评价"非常不满意""比较不满意""一般""比较满意"和"非常满意"的分别为6.09%、28.50%、1.81%、47.50%和16.10%;女性科技人才对科研支持环境的评价"非常不满意""比较不满意""一般""比较满意"和"非常满意"的分别为5.47%、32.03%、2.50%、47.97%和12.03%。男性与女性科技人才对科研支持环境的满意度相差不大,分别为63.60%和60.00%,评价分值分别为3.39和3.29。相比较而言,男性科技人才的满意度更高,卡方检验表明,这一结果在总体中也成立($P<0.1$)。

4. 不同性别的科技人才对创新激励环境的评价

创新激励环境是科技人才创新环境体系的重要组成部分之一,国内外的学者都对此进行了阐述,良好的创新激励制度会直接影响到科技人才的积极性和创造性。不同性别的科技人才对人才创新激励环境的评价状况、满意度分析、均值以及统计检验情况,见表3-6。

表3-6   不同性别的科技人才对创新激励环境的评价

性别	统计	非常不满意	比较不满意	一般	比较满意	非常满意	满意度	均值	统计检验
男	频次	118	417	75	628	141	769	3.19	$\chi^2(4)$ =12.206 $P<0.1$
男	百分比	8.56%	30.24%	5.44%	45.54%	10.22%	55.76%	3.19	
女	频次	38	177	53	314	58	372	3.28	
女	百分比	5.94%	27.66%	8.28%	49.06%	9.06%	58.12%	3.28	

表 3 - 6 的结果表明，男性科技人才对创新激励环境的评价"非常不满意""比较不满意""一般""比较满意"和"非常满意"的分别为 8.56%、30.24%、5.44%、45.54% 和 10.22%；女性科技人才对创新激励环境的评价"非常不满意""比较不满意""一般""比较满意"和"非常满意"的分别为 5.94%、27.66%、8.28%、49.06% 和 9.06%。男性与女性科技人才对创新激励环境的满意度分别为 55.76% 和 58.12%，评价分值分别为 3.19 和 3.28。相比较而言，男性科技人才的满意度更低，卡方检验表明，这一结果在总体中也成立（$P < 0.1$）。

5. 不同性别的科技人才对流动环境的评价

科技人才的合理流动是一个区域创新发展的动力和活力，人才正常、合理流动，可以使科技人才最大限度地发挥自身的优势，同时也不至于使一个区域处于封闭固守的状态。不同性别的科技人才对人才流动环境的评价状况、满意度分析、均值以及统计检验情况，见表 3 - 7。

表 3 - 7　　　　　不同性别的科技人才对人才流动环境的评价

性别	统计	非常不满意	比较不满意	一般	比较满意	非常满意	满意度	均值	统计检验
男	频次	80	324	157	633	185	818	3.38	$\chi^2(4)$ =34.914 $P < 0.01$
	百分比	5.80%	23.50%	11.38%	45.90%	13.42%	59.32%		
女	频次	22	111	125	308	74	382	3.47	
	百分比	3.44%	17.34%	19.47%	48.13%	11.56%	59.69%		

表 3 - 7 的结果表明，男性科技人才对流动环境的评价"非常不满意""比较不满意""一般""比较满意"和"非常满意"的分别为 5.80%、23.50%、11.38%、45.90% 和 13.42%；女性科技人才对创新激励环境的评价"非常不满意""比较不满意""一般""比较满意"和"非常满意"的分别为 3.44%、17.34%、19.47%、48.13% 和 11.56%。男性与女性科技人才对流动环境的满意度分别为 59.32% 和 59.69%，评价分值分别为 3.38 和 3.47。

相比较而言，男性科技人才的满意度更低，卡方检验表明，这一结果在总体中也成立（$P < 0.01$）。

3.3.3 不同年龄科技人才评价的差异性比较

1. 不同年龄的科技人才对管理体制的评价

不同年龄的科技人才对管理体制环境的评价状况、满意度分析、均值以及统计检验情况，见表 3 – 8。

表 3 – 8 　　　　　　　　　　不同年龄的科技人才对管理体制的评价

年龄	统计	非常不满意	比较不满意	一般	比较满意	非常满意	满意度	均值	统计检验
35 岁及以下	频次	15	61	87	531	268	799	4.01	
	百分比	1.56%	6.34%	9.04%	55.20%	27.86%	83.06%		
36 ~ 45 岁	频次	15	57	66	398	169	567	3.92	$\chi^2(8)$ =7.111 $P > 0.1$
	百分比	2.13%	8.09%	9.36%	56.45%	23.97%	80.42%		
46 岁及以上	频次	6	27	24	199	96	295	4.00	
	百分比	1.70%	7.67%	6.82%	56.53%	27.27%	83.80%		

表 3 – 8 的分析结果表明，35 岁及以下的科技人才对管理体制的评价"非常不满意""比较不满意""一般""比较满意"和"非常满意"的分别 1.56%、6.34%、9.04%、55.20% 和 27.86%；36 ~ 45 岁的科技人才对管理体制的评价"非常不满意""比较不满意""一般""比较满意"和"非常满意"的分别为 2.13%、8.09%、9.36%、56.45% 和 23.97%；46 岁及以上的科技人才对管理体制的评价"非常不满意""比较不满意""一般""比较满意"和"非常满意"的分别为 1.70%、7.67%、6.82%、56.53% 和 27.27%。三个年龄段的科技人才对管理体制的满意度分别为 83.06%、80.42% 和 83.80%，评价分值分别为 4.01、3.92 和 4.00。相比较而言，不同年龄段的

科技人才的满意度并不存在显著差异，卡方检验表明，这一结果在总体中也并不成立（$P > 0.1$）。

2. 不同年龄的科技人才对培训与交流环境的评价

不同年龄的科技人才对培训与交流环境的评价状况、满意度分析、均值以及统计检验情况，见表3-9。

表3-9　　　　　不同年龄的科技人才对培训与交流环境的评价

年龄	统计	非常不满意	比较不满意	一般	比较满意	非常满意	满意度	均值	统计检验
35岁及以下	频次	49	243	9	447	214	661	3.56	
	百分比	5.09%	25.26%	0.94%	46.47%	22.25%	68.72%		
36～45岁	频次	26	170	19	363	127	490	3.56	$\chi^2(8)$ =18.034 $P < 0.05$
	百分比	3.69%	24.11%	2.70%	51.49%	18.01%	69.50%		
46岁及以上	频次	10	95	7	173	67	240	3.55	
	百分比	2.84%	26.99%	1.99%	49.15%	19.03%	68.18%		

表3-9的分析结果表明，35岁及以下的科技人才对培训与交流环境的评价"非常不满意""比较不满意""一般""比较满意"和"非常满意"的分别为5.09%、25.26%、0.94%、46.47%和22.25%；36～45岁的科技人才对培训与交流环境的评价"非常不满意""比较不满意""一般""比较满意"和"非常满意"的分别为3.69%、24.11%、2.70%、51.49%和18.01%；46岁及以上的科技人才对培训与交流环境的评价"非常不满意""比较不满意""一般""比较满意"和"非常满意"的分别为2.84%、26.99%、1.99%、49.15%和19.03%。三个年龄段的科技人才对培训与交流环境的满意度分别为68.72%、69.50%和68.18%，评价分值分别为3.56、3.56和3.55。相比较而言，36～45岁年龄段的科技人才的满意度最高，卡方检验表明，这一结果在总体中也成立（$P < 0.05$）。

3. 不同年龄的科技人才对科研支持环境的评价

不同年龄的科技人才对科研支持环境的评价状况、满意度分析、均值以及统计检验情况，见表 3 – 10。

表 3 – 10　　　　　　　不同年龄的科技人才对科研支持环境的评价

年龄	统计	非常不满意	比较不满意	一般	比较满意	非常满意	满意度	均值	统计检验
35 岁及以下	频次	48	296	22	449	147	596	3.36	
	百分比	4.99%	30.77%	2.29%	46.67%	15.28%	61.95%		$\chi^2(8)$ =6.835 $P>0.1$
36 ~ 45 岁	频次	51	201	13	345	95	440	3.33	
	百分比	7.23%	28.51%	1.84%	48.94%	13.48%	62.42%		
46 岁及以上	频次	20	101	6	168	57	225	3.40	
	百分比	5.68%	28.69%	1.70%	47.73%	16.19%	63.92%		

表 3 – 10 的分析结果表明，35 岁及以下的科技人才对科研支持环境的评价"非常不满意""比较不满意""一般""比较满意"和"非常满意"的分别 4.99%、30.77%、2.29%、46.67% 和 15.28%；36 ~ 45 岁的科技人才对科研支持环境的评价"非常不满意""比较不满意""一般""比较满意"和"非常满意"的分别为 7.23%、28.51%、1.84%、48.94% 和 13.48%；46 岁及以上的科技人才对科研支持环境的评价"非常不满意""比较不满意""一般""比较满意"和"非常满意"的分别为 5.68%、28.69%、1.70%、47.73% 和 16.19%。三个年龄段的科技人才对科研支持环境的满意度分别为 61.95%、62.42% 和 63.92%，评价分值分别为 3.36、3.33 和 3.40。相比较而言，不同年龄段的科技人才的满意度并不存在显著差异，卡方检验表明，这一结果在总体中也并不成立（$P>0.1$）。

4. 不同年龄的科技人才对创新激励环境的评价比较

不同年龄的科技人才对人才创新激励环境的评价状况、满意度分析、均值以及统计检验情况，见表 3 – 11。

表 3 – 11　　　　　　不同年龄的科技人才对创新激励环境的评价

年龄	统计	非常 不满意	比较 不满意	一般	比较 满意	非常 满意	满意度	均值	统计检验
35 岁 及以下	频次	72	277	54	456	103	559	3.25	
	百分比	7.48%	28.79%	5.61%	47.40%	10.71%	58.11%		
36 ~ 45 岁	频次	61	208	46	329	61	390	3.17	$\chi^2(8)$ $=6.383$ $P>0.1$
	百分比	8.65%	29.50%	6.52%	46.67%	8.65%	55.32%		
46 岁 及以上	频次	23	109	28	157	35	192	3.20	
	百分比	6.53%	30.97%	7.95%	44.60%	9.94%	54.54%		

　　表 3 – 11 的分析结果表明，35 岁及以下的科技人才对创新激励环境的评价"非常不满意""比较不满意""一般""比较满意"和"非常满意"的分别为 7.48%、28.79%、5.61%、47.40% 和 10.71%；36 ~ 45 岁的科技人才对创新激励环境的评价"非常不满意""比较不满意""一般""比较满意"和"非常满意"的分别为 8.65%、29.50%、6.52%、46.67% 和 8.65%；46 岁及以上的科技人才对科研支持环境的评价"非常不满意""比较不满意""一般""比较满意"和"非常满意"的分别为 6.53%、30.97%、7.95%、44.60% 和 9.94%。三个年龄段的科技人才对创新激励环境的满意度分别为 58.11%、55.32% 和 54.54%，评价分值分别为 3.25、3.17 和 3.20，满意度偏低。相比较而言，不同年龄段的科技人才的满意度并不存在显著差异，卡方检验表明，这一结果在总体中也并不成立（$P>0.1$）。

5. 不同年龄的科技人才对人才流动环境的评价比较

　　不同年龄的科技人才对人才流动环境的评价状况、满意度分析、均值以及统计检验情况，见表 3 – 12。

表 3 – 12　　　　　　　　不同年龄的科技人才对人才流动环境的评价比较

年龄	统计	非常 不满意	比较 不满意	一般	比较 满意	非常 满意	满意度	均值	统计检验
35 岁 及以下	频次	52	210	129	437	134	571	3.41	
	百分比	5.41%	21.83%	13.41%	45.43%	13.93%	59.36%		
36 ~ 45 岁	频次	35	156	113	330	71	401	3.35	$\chi^2(8)$ $=13.231$ $P>0.1$
	百分比	4.96%	22.13%	16.03%	46.81%	10.07%	56.88%		
46 岁 及以上	频次	15	69	40	174	54	228	3.52	
	百分比	4.26%	19.60%	11.36%	49.43%	15.34%	64.77%		

表 3 – 12 的分析结果表明，35 岁及以下的科技人才对人才流动环境的评价"非常不满意""比较不满意""一般""比较满意"和"非常满意"的分别为 5.41%、21.83%、13.41%、45.43% 和 13.93%；36 ~ 45 岁的科技人才对人才流动环境的评价"非常不满意""比较不满意""一般""比较满意"和"非常满意"的分别为 4.96%、22.13%、16.03%、46.81% 和 10.07%；46 岁及以上的科技人才对人才流动环境的评价"非常不满意""比较不满意""一般""比较满意"和"非常满意"的分别为 4.26%、19.60%、11.36%、49.43% 和 15.34%。三个年龄段的科技人才对人才流动环境的满意度分别为 59.36%、56.88% 和 64.77%，评价分值分别为 3.41、3.35 和 3.52，满意度偏低。相比较而言，不同年龄段的科技人才的满意度并不存在显著差异，卡方检验表明，这一结果在总体中也并不成立（$P>0.1$）。

3.3.4　不同工作年限科技人才评价的差异性比较

1. 不同工作年限的科技人才对管理体制的评价

不同工作年限的科技人才对管理体制环境的评价状况、满意度分析、均值以及统计检验情况，见表 3 – 13。

表 3 - 13   **不同工作年限的科技人才对管理体制的评价**

工作年限	统计	非常 不满意	比较 不满意	一般	比较 满意	非常 满意	满意度	均值	统计检验
5 年 以下	频次	8	32	41	274	149	423	4.04	$\chi^2(8)$ $= 6.263$ $P > 0.1$
	百分比	1.59%	6.35%	8.13%	54.37%	29.56%	83.93%		
5 ~ 10 年	频次	9	35	49	254	115	369	3.93	
	百分比	1.95%	7.58%	10.61%	54.98%	24.89%	79.87%		
10 年 以上	频次	19	78	87	600	269	869	3.97	
	百分比	1.80%	7.41%	8.26%	56.98%	25.55%	82.53%		

表 3 - 13 的分析结果表明,5 年以下工作年限的科技人才对管理体制的评价"非常不满意""比较不满意""一般""比较满意"和"非常满意"的分别为 1.59%、6.35%、8.13%、54.37% 和 29.56%;5 ~ 10 年工作年限的科技人才对管理体制的评价"非常不满意""比较不满意""一般""比较满意"和"非常满意"的分别 1.95%、7.58%、10.61%、54.98% 和 24.89%;10 年以上工作年限的科技人才对管理体制的评价"非常不满意""比较不满意""一般""比较满意"和"非常满意"的分别为 1.80%、7.41%、8.26%、56.98% 和 25.55%。三个工作年限段的科技人才对管理体制的满意度分别为 83.93%、79.87% 和 82.53%,评价分值分别为 4.04、3.93 和 3.97。相比较而言,不同工作年限段的科技人才的满意度并不存在显著差异,卡方检验表明,这一结果在总体中也不成立($P > 0.1$)。

2. 不同工作年限的科技人才对培训与交流环境的评价

不同工作年限的科技人才对培训与交流环境的评价状况、满意度分析、均值以及统计检验情况,见表 3 - 14。

表 3 - 14 的分析结果表明,5 年以下工作年限的科技人才对培训与交流环境的评价"非常不满意""比较不满意""一般""比较满意"和"非常满意"的分别为 4.37%、22.62%、0.99%、45.83% 和 26.19%;5 ~ 10 年工作年限的科技人才对培训与交流环境的评价"非常不满意""比较不满意""一

表 3 - 14 　　　　　　不同工作年限的科技人才对培训与交流环境的评价

工作年限	统计	非常不满意	比较不满意	一般	比较满意	非常满意	满意度	均值	统计检验
5年以下	频次	22	114	5	231	132	363	3.67	
	百分比	4.37%	22.62%	0.99%	45.83%	26.19%	72.02%		
5~10年	频次	27	128	7	214	86	300	3.44	$\chi^2(8)$ =24.545 $P<0.01$
	百分比	5.84%	27.71%	1.52%	46.32%	18.61%	64.93%		
10年以上	频次	36	266	23	538	190	728	3.55	
	百分比	3.42%	25.26%	2.18%	51.09%	18.04%	69.13%		

般""比较满意"和"非常满意"的分别为 5.84%、27.71%、1.52%、46.32%和18.61%；10年以上工作年限的科技人才对培训与交流环境的评价"非常不满意""比较不满意""一般""比较满意"和"非常满意"的分别为 3.42%、25.26%、2.18%、51.09%和18.04%。三个工作年限段的科技人才对培训与交流环境的满意度分别为 72.02%、64.93%和69.13%，评价分值分别为 3.67、3.44 和 3.55。相比较而言，不同工作年限的科技人才的满意度存在显著差异，卡方检验表明，这一结果在总体中也成立（$P<0.01$）。

3. 不同工作年限的科技人才对科研支持环境的评价

不同工作年限的科技人才对科研支持环境的评价状况、满意度分析、均值以及统计检验情况，见表 3 - 15。

表 3 - 15 　　　　不同工作年限的科技人才对科研支持环境的评价比较

工作年限	统计	非常不满意	比较不满意	一般	比较满意	非常满意	满意度	均值	统计检验
5年以下	频次	23	151	9	234	87	321	3.42	
	百分比	4.56%	29.96%	1.79%	46.43%	17.26%	63.69%		
5~10年	频次	31	139	11	214	67	281	3.32	$\chi^2(8)$ =6.184 $P>0.1$
	百分比	6.71%	30.09%	2.38%	46.32%	14.50%	60.82%		
10年以上	频次	65	308	21	514	145	659	3.35	
	百分比	6.17%	29.25%	1.99%	48.81%	13.77%	62.58%		

表 3 - 15 的分析结果表明，5 年以下工作年限的科技人才对人才流动环境的评价"非常不满意""比较不满意""一般""比较满意"和"非常满意"的分别为 4.56%、29.96%、1.79%、46.43% 和 17.26%；5 ~ 10 年工作年限的科技人才对人才流动环境的评价"非常不满意""比较不满意""一般""比较满意"和"非常满意"的分别为 6.71%、30.09%、2.38%、46.32% 和 14.50%；10 年以上工作年限的科技人才对人才流动环境的评价"非常不满意""比较不满意""一般""比较满意"和"非常满意"的分别为 6.17%、29.25%、1.99%、48.81% 和 13.77%。三个年龄段的科技人才对人才流动环境的满意度分别为 63.69%、60.82% 和 62.58%，评价分值分别为 3.42、3.32 和 3.35。相比较而言，不同工作年限段的科技人才的满意度并不存在显著差异，卡方检验表明，这一结果在总体中也不成立（$P > 0.1$）。

4. 不同工作年限的科技人才对创新激励环境的评价

不同工作年限的科技人才对创新激励环境的评价状况、满意度分析、均值以及统计检验情况，见表 3 - 16。

表 3 - 16　　　　不同工作年限的科技人才对创新激励环境的评价

工作年限	统计	非常不满意	比较不满意	一般	比较满意	非常满意	满意度	均值	统计检验
5 年以下	频次	38	143	29	241	53	294	3.35	
	百分比	7.54%	28.37%	5.75%	47.82%	10.52%	58.34%		
5 ~ 10 年	频次	43	133	20	217	49	266	3.21	$\chi^2(8)$ =9.140 $P > 0.1$
	百分比	9.31%	28.79%	4.33%	46.97%	10.61%	57.58%		
10 年以上	频次	75	318	79	484	97	581	3.20	
	百分比	7.12%	30.20%	7.50%	45.96%	9.21%	55.17%		

表 3 - 16 的分析结果表明，5 年以下工作年限的科技人才对创新激励环境的评价"非常不满意""比较不满意""一般""比较满意"和"非常满意"的分别为 7.54%、28.37%、5.75%、47.82% 和 10.52%；5 ~ 10 年工作

年限的科技人才对创新激励环境的评价"非常不满意""比较不满意""一般""比较满意"和"非常满意"的分别为 9.31%、28.79%、4.33%、46.97%和10.61%;10年以上工作年限的科技人才对创新激励环境的评价"非常不满意""比较不满意""一般""比较满意"和"非常满意"的分别为7.12%、30.20%、7.50%、45.96%和9.21%。三个工作年限段的科技人才对创新激励环境的满意度分别为58.34%、57.58%和55.17%,评价分值分别为3.35、3.21和3.20。相比较而言,不同工作年限的科技人才的满意度并不存在显著差异,卡方检验表明,这一结果在总体中也不成立($P > 0.1$)。

5. 不同工作年限的科技人才对人才流动环境的评价

不同工作年限的科技人才对人才流动环境的评价状况、满意度分析、均值以及统计检验情况,见表3-17。

表3-17　　　　不同工作年限的科技人才对人才流动环境的评价

工作年限	统计	非常不满意	比较不满意	一般	比较满意	非常满意	满意度	均值	统计检验
5年以下	频次	39	95	81	218	71	289	3.37	
	百分比	7.74%	18.85%	16.07%	43.25%	14.09%	57.34%		
5~10年	频次	19	99	57	224	63	287	3.46	$\chi^2(8)$ =18.032 $P < 0.05$
	百分比	4.11%	21.43%	12.34%	48.48%	13.64%	62.12%		
10年以上	频次	44	241	144	499	125	624	3.40	
	百分比	4.18%	22.89%	13.68%	47.39%	11.87%	59.26%		

表3-17的分析结果表明,5年以下工作年限的科技人才对人才流动环境的评价"非常不满意""比较不满意""一般""比较满意"和"非常满意"的分别为7.74%、18.85%、16.07%、43.25%和14.09%;5~10年工作年限的科技人才对人才流动环境的评价"非常不满意""比较不满意""一般""比较满意"和"非常满意"的分别为4.11%、21.43%、12.34%、48.48%和13.64%;10年以上工作年限的科技人才对人才流动环境的评价"非常不

满意""比较不满意""一般""比较满意"和"非常满意"的分别为
4. 18%、22. 89%、13. 68%、47. 39%和11. 87%。三个工作年限段的科技人
才对人才流动环境的满意度分别为57. 34%、62. 12%和59. 26%,评价分值
分别为3. 37、3. 46和3. 40。相比较而言,不同工作年限的科技人才的满意度
存在显著差异,卡方检验表明,这一结果在总体中也成立($P < 0.05$)。

3.3.5 不同学历科技人才评价的差异性比较

1. 不同学历的科技人才对管理体制的评价

不同学历的科技人才对管理体制环境的评价状况、满意度分析、均值以
及统计检验情况,见表3 - 18。

表3 - 18　　　　　　不同学历的科技人才对管理体制的评价比较

学历	统计	非常 不满意	比较 不满意	一般	比较 满意	非常 满意	满意度	均值	统计检验
本科 及以下	频次	4	30	62	327	164	491	4.05	
	百分比	0.68%	5.11%	10.56%	55.71%	27.94%	83.65%		
硕士	频次	11	43	43	410	172	582	4.01	$\chi^2(8)$ $=31.995$ $P < 0.001$
	百分比	1.62%	6.33%	6.33%	60.38%	25.33%	85.71%		
博士	频次	21	72	72	391	197	588	3.89	
	百分比	2.79%	9.56%	9.56%	51.93%	26.16%	78.09%		

表3 - 18的分析结果表明,本科及以下学历的科技人才对管理体制的评
价"非常不满意""比较不满意""一般""比较满意"和"非常满意"的分
别为0. 68%、5. 11%、10. 56%、55. 71%和27. 94%;硕士学历的科技人才
对管理体制的评价"非常不满意""比较不满意""一般""比较满意"和
"非常满意"的分别为1. 62%、6. 33%、6. 33%、60. 38%和25. 33%;博士
学历的科技人才对管理体制的评价"非常不满意""比较不满意""一般"

"比较满意"和"非常满意"的分别为 2.79%、9.56%、9.56%、51.93% 和 26.16%。三类学历的科技人才对管理体制的满意度分别为 83.65%、85.71% 和 78.09%，评价分值分别为 4.05、4.01 和 3.89。相比较而言，不同学历的科技人才的满意度存在显著差异，卡方检验表明，这一结果在总体中也成立（$P < 0.001$）。

2. 不同学历的科技人才对培训与交流环境的评价

不同学历的科技人才对培训与交流环境的评价状况、满意度分析、均值以及统计检验情况，见表 3 – 19。

表 3 – 19　　　　　　　不同学历的科技人才对培训与交流环境的评价

学历	统计	非常不满意	比较不满意	一般	比较满意	非常满意	满意度	均值	统计检验
本科及以下	频次	19	133	11	291	133	424	3.66	
	百分比	3.24%	22.66%	1.87%	49.57%	22.66%	72.23%		
硕士	频次	38	194	13	316	118	434	3.42	$\chi^2(8)$ = 15.915 $P < 0.05$
	百分比	5.60%	28.57%	1.91%	46.54%	17.38%	63.92%		
博士	频次	28	181	11	376	157	533	3.60	
	百分比	3.72%	24.04%	1.46%	49.93%	20.85%	70.78%		

表 3 – 19 的分析结果表明，本科及以下学历的科技人才对培训与交流环境的评价"非常不满意""比较不满意""一般""比较满意"和"非常满意"的分别为 3.24%、22.66%、1.87%、49.57% 和 22.66%；硕士学历的科技人才对培训与交流环境的评价"非常不满意""比较不满意""一般""比较满意"和"非常满意"的分别为 5.60%、28.57%、1.91%、46.54% 和 17.38%；博士学历的科技人才对培训与交流环境的评价"非常不满意""比较不满意""一般""比较满意"和"非常满意"的分别为 3.72%、24.04%、1.46%、49.93% 和 20.85%。三类学历的科技人才对培训与交流环境的满意度分别为 72.23%、63.92% 和 70.78%，评价分值分别为 3.66、3.42 和

3.60。相比较而言，不同学历的科技人才的满意度存在显著差异，卡方检验表明，这一结果在总体中也成立（$P < 0.05$）。

3. 不同学历的科技人才对科研支持环境的评价

不同学历的科技人才对科研支持环境的评价状况、满意度分析、均值以及统计检验情况，见表3-20。

表3-20　　　　　不同学历的科技人才对科研支持环境的评价

学历	统计	非常不满意	比较不满意	一般	比较满意	非常满意	满意度	均值	统计检验
本科及以下	频次	20	122	28	301	116	417	3.63	
	百分比	3.41%	20.78%	4.77%	51.28%	19.76%	71.04%		
硕士	频次	44	232	6	301	96	397	3.25	$\chi^2(8)$ = 80.379 $P < 0.001$
	百分比	6.48%	34.17%	0.88%	44.33%	14.14%	58.47%		
博士	频次	55	244	7	360	87	447	3.24	
	百分比	7.30%	32.40%	0.93%	47.81%	11.55%	59.36%		

表3-20的分析结果表明，本科及以下学历的科技人才对科研支持环境的评价"非常不满意""比较不满意""一般""比较满意"和"非常满意"的分别为3.41%、20.78%、4.77%、51.28%和19.76%；硕士学历的科技人才对科研支持环境的评价"非常不满意""比较不满意""一般""比较满意"和"非常满意"的分别为6.48%、34.17%、0.88%、44.33%和14.14%；博士学历的科技人才对科研支持环境的评价"非常不满意""比较不满意""一般""比较满意"和"非常满意"的分别为7.30%、32.40%、0.93%、47.81%和11.55%。三类学历的科技人才对科研支持环境的满意度分别为71.04%、58.47%和59.36%，评价分值分别为3.63、3.25和3.24。相比较而言，不同学历的科技人才的满意度存在显著差异，卡方检验表明，这一结果在总体中也成立（$P < 0.001$）。

4. 不同学历的科技人才对创新激励环境的评价

不同学历的科技人才对创新激励环境的评价状况、满意度分析、均值以及统计检验情况，见表3－21。

表3－21　　　　　不同学历的科技人才对创新激励环境的评价

学历	统计	非常不满意	比较不满意	一般	比较满意	非常满意	满意度	均值	统计检验
本科及以下	频次	27	149	51	283	77	360	3.40	
	百分比	4.60%	25.38%	8.69%	48.21%	13.12%	61.33%		$\chi^2(8)$ =46.088 $P<0.001$
硕士	频次	49	196	32	333	69	402	3.26	
	百分比	7.22%	28.87%	4.71%	49.04%	10.16%	59.20%		
博士	频次	80	249	45	326	53	379	3.03	
	百分比	10.62%	33.07%	5.98%	43.29%	7.04%	50.33%		

表3－21的分析结果表明，本科及以下学历的科技人才对创新激励环境的评价"非常不满意""比较不满意""一般""比较满意"和"非常满意"的分别为4.60%、25.38%、8.69%、48.21%和13.12%；硕士学历的科技人才对创新激励环境的评价"非常不满意""比较不满意""一般""比较满意"和"非常满意"的分别为7.22%、28.87%、4.71%、49.04%和10.16%；博士学历的科技人才对创新激励环境的评价"非常不满意""比较不满意""一般""比较满意"和"非常满意"的分别为10.62%、33.07%、5.98%、43.29%和7.04%。三类学历的科技人才对创新激励环境的满意度分别为61.33%、59.20%和50.33%，评价分值分别为3.40、3.26和3.03。相比较而言，不同学历的科技人才的满意度存在显著差异，卡方检验表明，这一结果在总体中也成立（$P<0.001$）。

5. 不同学历的科技人才对人才流动环境的评价

不同学历的科技人才对人才流动环境的评价状况、满意度分析、均值以及统计检验情况，见表 3 - 22。

表 3 - 22   不同学历的科技人才对人才流动环境的评价

学历	统计	非常不满意	比较不满意	一般	比较满意	非常满意	满意度	均值	统计检验
本科及以下	频次	14	123	78	282	90	372	3.53	$\chi^2(8)$ $=31.544$ $P<0.001$
	百分比	2.39%	20.95%	13.29%	48.04%	15.33%	63.37%		
硕士	频次	26	154	96	317	86	403	3.42	
	百分比	3.83%	22.68%	14.14%	46.69%	12.67%	59.36%		
博士	频次	62	158	108	342	83	425	3.30	
	百分比	8.23%	20.98%	14.34%	45.42%	11.02%	56.44%		

表 3 - 22 的分析结果表明，本科及以下学历的科技人才对人才流动环境的评价"非常不满意""比较不满意""一般""比较满意"和"非常满意"的分别为 2.39%、20.95%、13.29%、48.04% 和 15.33%；硕士学历的科技人才对人才流动环境的评价"非常不满意""比较不满意""一般""比较满意"和"非常满意"的分别为 3.83%、22.68%、14.14%、46.69% 和 12.67%；博士学历的科技人才对人才流动环境的评价"非常不满意""比较不满意""一般""比较满意"和"非常满意"的分别为 8.23%、20.98%、14.34%、45.42% 和 11.02%。三类学历的科技人才对人才流动环境的满意度分别为 63.37%、59.36% 和 56.44%，评价分值分别为 3.53、3.42 和 3.30。相比较而言，不同学历的科技人才的满意度存在显著差异，卡方检验表明，这一结果在总体中也成立（$P<0.001$）。

3.3.6　不同职称科技人才评价的差异性比较

1. 不同职称的科技人才对管理体制的评价

不同职称的科技人才对管理体制环境的评价状况、满意度分析、均值以及统计检验情况，见表 3 - 23。

表 3 - 23　　　　　　　不同职称的科技人才对管理体制的评价

职称	统计	非常不满意	比较不满意	一般	比较满意	非常满意	满意度	均值	统计检验
初级及以下	频次	2	10	32	149	88	237	4.11	
	百分比	0.71%	3.56%	11.39%	53.02%	31.32%	84.34%		
中级	频次	15	56	69	445	197	642	3.96	$\chi^2(8)$ $=15.379$ $P<0.1$
	百分比	1.92%	7.16%	8.82%	56.91%	25.19%	82.10%		
副高级及以上	频次	19	79	76	534	248	782	3.96	
	百分比	1.99%	8.26%	7.95%	55.86%	25.94%	81.80%		

表 3 - 23 的分析结果表明，初级及以下职称的科技人才对管理体制的评价"非常不满意""比较不满意""一般""比较满意"和"非常满意"的分别为 0.71%、3.56%、11.39%、53.02% 和 31.32%；中级职称的科技人才对管理体制的评价"非常不满意""比较不满意""一般""比较满意"和"非常满意"的分别为 1.92%、7.16%、8.82%、56.91% 和 25.19%；副高级及以上职称的科技人才对管理体制的评价"非常不满意""比较不满意""一般""比较满意"和"非常满意"的分别为 1.99%、8.26%、7.95%、55.86% 和 25.94%。三类职称的科技人才对管理体制的满意度分别为 84.34%、82.10% 和 81.80%，评价分值分别为 4.11、3.96 和 3.96。相比较而言，不同职称的科技人才的满意度存在显著差异，卡方检验表明，这一结果在总体中也成立（$P<0.1$）。

2. 不同职称的科技人才对培训与交流环境的评价比较

不同职称的科技人才对培训与交流环境的评价状况、满意度分析、均值以及统计检验情况，见表 3 - 24。

表 3 - 24　　　　　　不同职称的科技人才对培训与交流环境的评价比较

职称	统计	非常不满意	比较不满意	一般	比较满意	非常满意	满意度	均值	统计检验
初级及以下	频次	9	55	2	134	81	215	3.79	
	百分比	3.20%	19.57%	0.71%	47.69%	28.83%	76.52%		
中级	频次	45	216	11	361	149	510	3.45	$\chi^2(8)$ $=30.815$ $P<0.001$
	百分比	5.75%	27.62%	1.41%	46.16%	19.05%	65.21%		
副高级及以上	频次	31	237	22	488	178	666	3.57	
	百分比	3.24%	24.79%	2.30%	51.05%	18.62%	69.67%		

表 3 - 24 的分析结果表明，初级及以下职称的科技人才对培训与交流环境的评价"非常不满意""比较不满意""一般""比较满意"和"非常满意"的分别为 3.20%、19.57%、0.71%、47.69% 和 28.83%；中级职称的科技人才对培训与交流环境的评价"非常不满意""比较不满意""一般""比较满意"和"非常满意"的分别为 5.75%、27.62%、1.41%、46.16% 和 19.05%；副高级及以上职称的科技人才对培训与交流环境的评价为"非常不满意""比较不满意""一般""比较满意"和"非常满意"的分别为 3.24%、24.79%、2.30%、51.05% 和 18.62%。三类职称的科技人才对人才流动环境的满意度分别为 76.52%、65.21% 和 69.67%，评价分值分别为 3.79、3.45 和 3.57。相比较而言，不同职称的科技人才的满意度存在显著差异，卡方检验表明，这一结果在总体中也成立（$P<0.001$）。

3. 不同职称的科技人才对科研支持环境的评价

不同职称的科技人才对科研支持环境的评价状况、满意度分析、均值以及统计检验情况，见表 3 - 25。

表 3 - 25 的分析结果表明，初级及以下职称的科技人才对科研支持环境的评价"非常不满意""比较不满意""一般""比较满意"和"非常满意"的分别为 1.42%、21.35%、4.98%、50.53% 和 21.71%；中级职称的科技人才对科研支持环境的评价"非常不满意""比较不满意""一般""比较满

表 3 -25   不同职称的科技人才对科研支持环境的评价

职称	统计	非常不满意	比较不满意	一般	比较满意	非常满意	满意度	均值	统计检验
初级及以下	频次	4	60	14	142	61	203	3.70	
	百分比	1.42%	21.35%	4.98%	50.53%	21.71%	72.24%		$\chi^2(8)$ =52.727 $P<0.001$
中级	频次	56	247	20	355	104	459	3.26	
	百分比	7.16%	31.59%	2.56%	45.40%	13.30%	58.70%		
副高级及以上	频次	59	291	7	465	134	599	3.34	
	百分比	6.17%	30.44%	0.73%	48.64%	14.02%	62.66%		

意"和"非常满意"的分别为 7.16% 、31.59% 、2.56% 、45.40% 和 13.30% ;副高级及以上职称的科技人才对科研支持环境的评价"非常不满意""比较不满意""一般""比较满意"和"非常满意"的分别为 6.17% 、30.44% 、0.73% 、48.64% 和 14.02% 。三类职称的科技人才对科研支持环境的满意度分别为 72.24% 、58.70% 和 62.66% ,评价分值分别为 3.70 、3.26 和 3.34 。相比较而言,不同职称的科技人才的满意度存在显著差异,卡方检验表明,这一结果在总体中也成立($P<0.001$)。

4. 不同职称的科技人才对创新激励环境的评价

不同职称的科技人才对人才创新激励环境的评价状况、满意度分析、均值以及统计检验情况,见表 3 -26。

表 3 -26   不同职称的科技人才对创新激励环境的评价

职称	统计	非常不满意	比较不满意	一般	比较满意	非常满意	满意度	均值	统计检验
初级及以下	频次	11	59	21	141	49	190	3.56	
	百分比	3.91%	21.00%	7.47%	50.18%	17.44%	67.62%		$\chi^2(8)$ =38.200 $P<0.001$
中级	频次	62	237	42	365	76	441	3.20	
	百分比	7.93%	30.31%	5.37%	46.68%	9.72%	56.40%		
副高级及以上	频次	83	298	65	436	74	510	3.13	
	百分比	8.68%	31.17%	6.80%	45.61%	7.74%	53.35%		

表 3 - 26 的分析结果表明，初级及以下职称的科技人才对创新激励环境的评价"非常不满意""比较不满意""一般""比较满意"和"非常满意"的分别为 3.91%、21.00%、7.47%、50.18% 和 17.44%；中级职称的科技人才对创新激励环境的评价"非常不满意""比较不满意""一般""比较满意"和"非常满意"的分别为 7.93%、30.31%、5.37%、46.68% 和 9.72%；副高级及以上职称的科技人才对创新激励环境的评价"非常不满意""比较不满意""一般""比较满意"和"非常满意"的分别为 8.68%、31.17%、6.80%、45.61% 和 7.74%。三类职称的科技人才对创新激励的满意度分别为 67.62%、56.40% 和 53.35%，评价分值分别为 3.56、3.20 和 3.13。相比较而言，不同职称的科技人才的满意度存在显著差异，卡方检验表明，这一结果在总体中也成立（$P < 0.001$）。

5. 不同职称的科技人才对人才流动环境的评价

不同职称的科技人才对人才流动环境的评价状况、满意度分析、均值以及统计检验情况，见表 3 - 27。

表 3 - 27　　　　不同职称的科技人才对人才流动环境的评价

职称	统计	非常不满意	比较不满意	一般	比较满意	非常满意	满意度	均值	统计检验
初级及以下	频次	7	49	42	129	54	183	3.62	
	百分比	2.49%	17.44%	14.95%	45.91%	19.22%	65.13%		
中级	频次	49	169	99	366	99	465	3.38	$\chi^2(8)$ $= 21.651$ $P < 0.01$
	百分比	6.27%	21.61%	12.66%	46.80%	12.66%	59.46%		
副高级及以上	频次	46	217	141	446	106	552	3.37	
	百分比	4.81%	22.70%	14.75%	46.65%	11.09%	57.74%		

表 3 - 27 的分析结果表明，初级及以下职称的科技人才对人才流动环境的评价"非常不满意""比较不满意""一般""比较满意"和"非常满意"的分别为 2.49%、17.44%、14.95%、45.91% 和 19.22%；中级职称的科技

人才对人才流动环境的评价"非常不满意""比较不满意""一般""比较满意"和"非常满意"的分别为 6.27%、21.61%、12.66%、46.80% 和 12.66%；副高级及以上职称的科技人才对人才流动环境的评价"非常不满意""比较不满意""一般""比较满意"和"非常满意"的分别为 4.81%、22.70%、14.75%、46.65% 和 11.09%。三类职称的科技人才对人才流动环境的满意度分别为 65.13%、59.46% 和 57.74%，评价分值分别为 3.62、3.38 和 3.37。相比较而言，不同职称的科技人才的满意度存在显著差异，卡方检验表明，这一结果在总体中也成立（$P < 0.01$）。

3.3.7 不同职务科技人才评价的差异性比较

1. 不同职务的科技人才对管理体制的评价

不同职务的科技人才对管理体制环境的评价状况、满意度分析、均值以及统计检验情况，见表 3-28。

表 3-28 不同职务的科技人才对管理体制的评价

职务	统计	非常不满意	比较不满意	一般	比较满意	非常满意	满意度	均值	统计检验
基层及以下	频次	29	98	131	735	350	1085	3.95	
	百分比	2.16%	7.30%	9.75%	54.73%	26.06%	80.79%		
中层	频次	6	38	34	287	118	405	3.98	$\chi^2(8)$ =16.280 $P < 0.05$
	百分比	1.24%	7.87%	7.04%	59.42%	24.43%	83.85%		
高层	频次	1	9	12	106	65	171	4.17	
	百分比	0.52%	4.66%	6.22%	54.92%	33.68%	88.60%		

表 3-28 的分析结果表明，基层及以下职务的科技人才对管理体制的评价"非常不满意""比较不满意""一般""比较满意"和"非常满意"的分别为 2.16%、7.30%、9.75%、54.73% 和 26.06%；中级职务的科技人才对

管理体制的评价"非常不满意""比较不满意""一般""比较满意"和"非常满意"的分别为 1.24%、7.87%、7.04%、59.42% 和 24.43%；高层职务的科技人才对管理体制的评价"非常不满意""比较不满意""一般""比较满意"和"非常满意"的分别为 0.52%、4.66%、6.22%、54.92% 和 33.68%。三类职务的科技人才对管理体制的满意度分别为 80.79%、83.85% 和 88.60%，评价分值分别为 3.95、3.98 和 4.17。相比较而言，不同职务的科技人才的满意度存在显著差异，卡方检验表明，这一结果在总体中也成立（$P<0.05$）。

2. 不同职务的科技人才对培训与交流环境的评价

不同职务的科技人才对培训与交流环境的评价状况、满意度分析、均值以及统计检验情况，见表 3-29。

表 3-29　　　　　　不同职务的科技人才对培训与交流环境的评价

职务	统计	非常不满意	比较不满意	一般	比较满意	非常满意	满意度	均值	统计检验
基层及以下	频次	72	367	17	642	245	887	3.46	
	百分比	5.36%	27.33%	1.27%	47.80%	18.24%	66.04%		$\chi^2(8)$ $=37.544$ $P<0.001$
中层	频次	11	108	13	242	109	351	3.68	
	百分比	2.28%	22.36%	2.69%	50.10%	22.57%	72.67%		
高层	频次	2	33	5	99	54	153	3.88	
	百分比	1.04%	17.10%	2.59%	51.30%	27.98%	79.28%		

表 3-29 的分析结果表明，基层及以下职务的科技人才对培训与交流环境的评价"非常不满意""比较不满意""一般""比较满意"和"非常满意"的分别为 5.36%、27.33%、1.27%、47.80% 和 18.24%；中级职务的科技人才对培训与交流环境的评价"非常不满意""比较不满意""一般""比较满意"和"非常满意"的分别为 2.28%、22.36%、2.69%、50.10% 和 22.57%；高层职务的科技人才对培训与交流环境的评价"非常不满意""比较不满意""一般""比较满意"和"非常满意"的分别为 1.04%、17.10%、

2.59%、51.30%和27.98%。三类职务的科技人才对培训与交流环境的满意度分别为66.04%、72.67%和79.28%，评价分值分别为3.46、3.68和3.88。相比较而言，不同职务的科技人才的满意度存在显著差异，卡方检验表明，这一结果在总体中也成立（$P < 0.001$）。

3. 不同职务的科技人才对科研支持环境的评价

不同职务的科技人才对科研支持环境的评价状况、满意度分析、均值以及统计检验情况，见表3－30。

表3－30   不同职务的科技人才对科研支持环境的评价

职务	统计	非常不满意	比较不满意	一般	比较满意	非常满意	满意度	均值	统计检验
基层及以下	频次	99	452	25	610	157	767	3.20	
	百分比	7.37%	33.66%	1.86%	45.42%	11.69%	57.11%		
中层	频次	16	113	11	258	85	343	3.59	$\chi^2(8)$ $= 84.201$ $P < 0.001$
	百分比	3.31%	23.40%	2.28%	53.42%	17.60%	71.02%		
高层	频次	4	33	5	94	57	151	3.87	
	百分比	2.07%	17.10%	2.59%	48.70%	29.53%	78.23%		

表3－30的分析结果表明，基层及以下职务的科技人才对科研支持环境的评价"非常不满意""比较不满意""一般""比较满意"和"非常满意"的分别为7.37%、33.66%、1.86%、45.42%和11.69%；中级职务的科技人才对科研支持环境的评价"非常不满意""比较不满意""一般""比较满意"和"非常满意"的分别为3.31%、23.40%、2.28%、53.42%和17.60%；高层职务的科技人才对科研支持环境的评价"非常不满意""比较不满意""一般""比较满意"和"非常满意"的分别为2.07%、17.10%、2.59%、48.70%和29.53%。三类职务的科技人才对科研支持环境的满意度相分别为57.11%、71.02%和78.23%，评价分值分别为3.20、3.59和3.87。相比较而言，不同职务的科技人才的满意度存在显著差异，卡方检验

表明，这一结果在总体中也成立（$P < 0.001$）。

4. 不同职务的科技人才对创新激励环境的评价

不同职务的科技人才对人才创新激励环境的评价状况、满意度分析、均值以及统计检验情况，见表3 – 31。

表3 – 31　　　　　　不同职务的科技人才对创新激励环境的评价

职务	统计	非常不满意	比较不满意	一般	比较满意	非常满意	满意度	均值	统计检验
基层及以下	频次	130	416	80	607	110	717	3.11	
	百分比	9.68%	30.98%	5.96%	45.20%	8.19%	53.39%		
中层	频次	19	136	37	236	55	291	3.36	$\chi^2(8)$ $=45.527$ $P < 0.001$
	百分比	3.93%	28.16%	7.66%	48.86%	11.39%	60.25%		
高层	频次	7	42	11	99	34	133	3.58	
	百分比	3.63%	21.76%	5.70%	51.30%	17.62%	68.92%		

表3 – 31 的分析结果表明，基层及以下职务的科技人才对创新激励环境的评价"非常不满意""比较不满意""一般""比较满意"和"非常满意"的分别为9.68%、30.98%、5.96%、45.20%和8.19%；中级职务的科技人才对创新激励环境的评价"非常不满意""比较不满意""一般""比较满意"和"非常满意"的分别为3.93%、28.16%、7.66%、48.86%和11.39%；高层职务的科技人才对创新激励环境的评价"非常不满意""比较不满意""一般""比较满意"和"非常满意"的分别为3.63%、21.76%、5.70%、51.30%和17.62%。三类职务的科技人才对创新激励环境的满意度分别为53.39%、60.25%和68.92%，评价分值分别为3.11、3.36和3.58。相比较而言，不同职务的科技人才的满意度存在显著差异，卡方检验表明，这一结果在总体中也成立（$P < 0.001$）。

5. 不同职务的科技人才对人才流动环境的评价

不同职务的科技人才对人才流动环境的评价状况、满意度分析、均值以及统计检验情况，见表 3 - 32。

表 3 - 32　　　　不同职务的科技人才对人才流动环境的评价

职务	统计	非常不满意	比较不满意	一般	比较满意	非常满意	满意度	均值	统计检验
基层及以下	频次	87	290	208	603	155	758	3.33	
	百分比	6.48%	21.59%	15.49%	44.90%	11.54%	56.44%		
中层	频次	11	110	59	237	66	303	3.49	$\chi^2(8)$ $=38.031$ $P<0.001$
	百分比	2.28%	22.77%	12.22%	49.07%	13.66%	62.73%		
高层	频次	4	35	15	101	38	139	3.69	
	百分比	2.07%	18.13%	7.77%	52.33%	19.69%	72.02%		

表 3 - 32 的分析结果表明，基层及以下职务的科技人才对人才流动环境的评价"非常不满意""比较不满意""一般""比较满意"和"非常满意"的分别为 6.48%、21.59%、15.49%、44.90% 和 11.54%；中级职务的科技人才对人才流动环境的评价"非常不满意""比较不满意""一般""比较满意"和"非常满意"的分别为 2.28%、22.77%、12.22%、49.07% 和 13.66%；高层职务的科技人才对人才流动环境的评价"非常不满意""比较不满意""一般""比较满意"和"非常满意"的分别为 2.07%、18.13%、7.77%、52.33% 和 19.69%。三类职务的科技人才对人才流动环境的满意度相分别为 56.44%、62.73% 和 72.02%，评价分值分别为 3.33、3.49 和 3.69。相比较而言，不同职务的科技人才的满意度存在显著差异，卡方检验表明，这一结果在总体中也成立（$P<0.001$）。

3.3.8　不同工作类型科技人才评价的差异性比较

1. 不同工作类型的科技人才对管理体制的评价

不同工作类型的科技人才对管理体制环境的评价状况、满意度分析、均值以及统计检验情况，见表 3 – 33。

表 3 – 33　　　　　不同工作类型的科技人才对管理体制的评价

工作类型	统计	非常不满意	比较不满意	一般	比较满意	非常满意	满意度	均值	统计检验
科技研发型	频次	6	37	59	349	142	491	3.98	$\chi^2(4)$ = 8.431 $P < 0.1$
	百分比	1.01%	6.24%	9.95%	58.85%	23.95%	82.80%		
其他	频次	30	108	118	779	391	1170	3.98	
	百分比	2.10%	7.57%	8.27%	54.63%	27.42%	82.05%		

表 3 – 33 的分析结果表明，研发型科技人才对管理体制的评价"非常不满意""比较不满意""一般""比较满意"和"非常满意"的分别为 1.01%、6.24%、9.95%、58.85%和23.95%；非研发型科技人才对管理体制的评价"非常不满意""比较不满意""一般""比较满意"和"非常满意"的分别为 2.10%、7.57%、8.27%、54.63%和27.42%。不同工作类型的科技人才对管理体制的满意度分别为82.80%和82.05%，评价分值分别为3.98 和3.98。相比较而言，不同工作类型的科技人才的满意度存在显著差异，卡方检验表明，这一结果在总体中也成立（$P < 0.1$）。

2. 不同工作类型的科技人才对培训与交流环境的评价

不同工作类型的科技人才对培训与交流环境的评价状况、满意度分析、均值以及统计检验情况，见表 3 – 34。

表 3 – 34　　　　不同工作类型的科技人才对培训与交流环境的评价

工作类型	统计	非常不满意	比较不满意	一般	比较满意	非常满意	满意度	均值	统计检验
科技研发型	频次	25	121	14	289	144	433	3.50	$\chi^2(4)$ = 16.356 $P < 0.01$
	百分比	4.22%	20.40%	2.36%	48.74%	24.28%	73.02%		
其他	频次	60	387	21	694	264	958	3.68	
	百分比	4.21%	27.14%	1.47%	48.67%	18.51%	67.18%		

表 3 – 34 的分析结果表明，研发型科技人才对培训与交流环境的评价"非常不满意""比较不满意""一般""比较满意"和"非常满意"的分别为 4.22%、20.40%、2.36%、48.74% 和 24.28%；非研发型科技人才对培训与交流环境的评价"非常不满意""比较不满意""一般""比较满意"和"非常满意"的分别为 4.21%、27.14%、1.47%、48.67% 和 18.51%。不同工作类型的科技人才对培训与交流环境的满意度分别为 73.02% 和 67.18%，评价分值分别为 3.50 和 3.68。相比较而言，不同工作类型的科技人才的满意度存在显著差异，卡方检验表明，这一结果在总体中也成立（$P < 0.01$）。

3. 不同工作类型的科技人才对科研支持环境的评价比较

不同工作类型的科技人才对科研支持环境的评价状况、满意度分析、均值以及统计检验情况，见表 3 – 35。

表 3 – 35　　　　不同工作类型的科技人才对科研支持环境的评价

工作类型	统计	非常不满意	比较不满意	一般	比较满意	非常满意	满意度	均值	统计检验
科技研发型	频次	23	136	27	290	117	407	3.27	$\chi^2(4)$ =58.765 $P<0.001$
	百分比	3.88%	22.93%	4.55%	48.90%	19.73%	68.63%		
其他	频次	96	462	14	672	182	854	3.58	
	百分比	6.73%	32.40%	0.98%	47.12%	12.76%	59.88%		

表 3 – 35 的分析结果表明，研发型科技人才对科研支持环境的评价"非常不满意""比较不满意""一般""比较满意"和"非常满意"的分别为 3.88%、22.93%、4.55%、48.90% 和 19.73%；非研发型科技人才对科研支持环境的评价"非常不满意""比较不满意""一般""比较满意"和"非常满意"的分别为 6.73%、32.40%、0.98%、47.12% 和 12.76%。不同工作类型的科技人才对科研支持环境的满意度分别为 68.63% 和 59.88%，评价分值分别为 3.27 和 3.58。相比较而言，不同工

作类型的科技人才的满意度存在显著差异，卡方检验表明，这一结果在总体中也成立（$P < 0.001$）。

4. 不同工作类型的科技人才对创新激励环境的评价

不同工作类型的科技人才对人才创新激励环境的评价状况、满意度分析、均值以及统计检验情况，见表3-36。

表3-36　　　　　　　不同工作类型的科技人才对创新激励环境的评价

工作类型	统计	非常不满意	比较不满意	一般	比较满意	非常满意	满意度	均值	统计检验
科技研发型	频次	28	151	39	290	85	375	3.13	$\chi^2(4)$ $=32.340$ $P<0.001$
	百分比	4.72%	25.46%	6.58%	48.90%	14.33%	63.23%		
其他	频次	86	310	208	653	169	822	3.43	
	百分比	6.03%	21.74%	14.59%	45.79%	11.85%	57.64%		

表3-36的分析结果表明，研发型科技人才对创新激励环境的评价"非常不满意""比较不满意""一般""比较满意"和"非常满意"的分别为4.72%、25.46%、6.58%、48.90%和14.33%；非研发型科技人才对创新激励环境的评价"非常不满意""比较不满意""一般""比较满意"和"非常满意"的分别为6.03%、21.74%、14.59%、45.79%和11.85%。不同工作类型的科技人才对创新激励环境的满意度分别为63.23%和57.64%，评价分值分别为3.13和3.43。相比较而言，不同工作类型的科技人才的满意度存在显著差异，卡方检验表明，这一结果在总体中也成立（$P < 0.001$）。

5. 不同工作类型的科技人才对人才流动环境的评价比较

不同工作类型的科技人才对人才流动环境的评价状况、满意度分析、均值以及统计检验情况，见表3-37。

表3-37　　　　不同工作类型的科技人才对人才流动环境的评价比较

工作类型	统计	非常不满意	比较不满意	一般	比较满意	非常满意	满意度	均值	统计检验
科技研发型	频次	52	220	166	513	119	632	3.36	$\chi^2(4)$ = 14.927 $P < 0.01$
	百分比	4.86%	20.56%	15.51%	47.94%	11.12%	59.06%		
其他	频次	6	48	25	80	36	116	3.52	
	百分比	3.08%	24.62%	12.82%	41.03%	18.46%	59.49%		

表3-37的分析结果表明，研发型科技人才对人才流动环境的评价"非常不满意""比较不满意""一般""比较满意"和"非常满意"的分别为4.86%、20.56%、15.51%、47.94%和11.12%；非研发型科技人才对人才流动环境的评价"非常不满意""比较不满意""一般""比较满意"和"非常满意"的分别为3.08%、24.62%、12.82%、41.03%和18.46%。不同工作类型的科技人才对人才流动环境的满意度分别为59.06%和59.49%，评价分值分别为3.36和3.52。相比较而言，不同工作类型的科技人才的满意度存在显著差异，卡方检验表明，这一结果在总体中也成立（$P < 0.01$）。

3.3.9　不同单位科技人才评价的差异性比较

1. 不同单位的科技人才对管理体制的评价

不同单位的科技人才对管理体制环境的评价状况、满意度分析、均值以及统计检验情况，见表3-38。

表3-38的分析结果表明，事业单位的科技人才对管理体制的评价"非常不满意""比较不满意""一般""比较满意"和"非常满意"的分别为0.42%、4.46%、9.77%、57.54%和27.81%；企业的科技人才对管理体制的评价"非常不满意""比较不满意""一般""比较满意"和"非常满意"的分别为2.20%、8.01%、8.46%、55.36%和25.97%。不同工作单位的科

表 3 - 38   不同单位的科技人才对管理体制的评价

单位	统计	非常 不满意	比较 不满意	一般	比较 满意	非常 满意	满意度	均值	统计检验
事业	频次	2	21	46	271	131	402	3.95	$\chi^2(4)$ = 14.172 $P < 0.01$
	百分比	0.42%	4.46%	9.77%	57.54%	27.81%	85.35%		
企业	频次	34	124	131	857	402	1259	4.08	
	百分比	2.20%	8.01%	8.46%	55.36%	25.97%	81.33%		

技人才对管理体制的满意度分别为85.35%和81.33%，评价分值分别为3.95和4.08。相比较而言，不同单位的科技人才的满意度存在显著差异，卡方检验表明，这一结果在总体中也成立（$P < 0.01$）。

2. 不同单位的科技人才对培训与交流环境的评价

不同单位的科技人才对培训与交流环境的评价状况、满意度分析、均值以及统计检验情况，见表3 - 39。

表 3 - 39   不同单位的科技人才对培训与交流环境的评价

单位	统计	非常 不满意	比较 不满意	一般	比较 满意	非常 满意	满意度	均值	统计检验
事业	频次	15	101	5	235	115	350	3.51	$\chi^2(4)$ = 12.074 $P < 0.05$
	百分比	3.18%	21.44%	1.06%	49.89%	24.42%	74.31%		
企业	频次	70	407	30	748	293	1041	3.71	
	百分比	4.52%	26.29%	1.94%	48.32%	18.93%	67.25%		

表3 - 39 的分析结果表明，事业单位的科技人才对培训与交流环境的评价"非常不满意""比较不满意""一般""比较满意"和"非常满意"的分别为3.18%、21.44%、1.06%、49.89%和24.42%；企业的科技人才对培训与交流环境的评价"非常不满意""比较不满意""一般""比较满意"和"非常满意"的分别为4.52%、26.29%、1.94%、48.32%和18.93%。不同

单位的科技人才对培训与交流环境的满意度分别为74.31%和67.25%，评价分值分别为3.51和3.71。相比较而言，不同单位的科技人才的满意度存在显著差异，卡方检验表明，这一结果在总体中也成立（$P < 0.05$）。

3. 不同单位的科技人才对科研支持环境的评价

不同单位的科技人才对科研支持环境的评价状况、满意度分析、均值以及统计检验情况，见表3-40。

表3-40 不同单位的科技人才对科研支持环境的评价

单位	统计	非常不满意	比较不满意	一般	比较满意	非常满意	满意度	均值	统计检验
事业	频次	12	80	26	243	110	353	3.24	$\chi^2(4)$ $=113.905$ $P < 0.001$
事业	百分比	2.55%	16.99%	5.52%	51.59%	23.35%	74.94%	3.24	
企业	频次	107	518	15	719	189	908	3.76	
企业	百分比	6.91%	33.46%	0.97%	46.45%	12.21%	58.66%	3.76	

表3-40的分析结果表明，事业单位的科技人才对科研支持环境的评价"非常不满意""比较不满意""一般""比较满意"和"非常满意"的分别为2.55%、16.99%、5.52%、51.59%和23.35%；企业的科技人才对科研支持环境的评价"非常不满意""比较不满意""一般""比较满意"和"非常满意"的分别为6.91%、33.46%、0.97%、46.45%和12.21%。不同工作单位的科技人才对科研支持环境的满意度分别为74.94%和58.66%，评价分值分别为3.24和3.76。相比较而言，不同单位的科技人才的满意度存在显著差异，卡方检验表明，这一结果在总体中也成立（$P < 0.001$）。

4. 不同单位的科技人才对创新激励环境的评价比较

不同单位的科技人才对人才创新激励环境的评价状况、满意度分析、均值以及统计检验情况，见表3-41。

表 3 - 41　　　　　　　不同单位的科技人才对创新激励环境的评价

单位	统计	非常不满意	比较不满意	一般	比较满意	非常满意	满意度	均值	统计检验
事业	频次	18	111	35	229	78	307	3.13	$\chi^2(4)$ =48.952 $P<0.001$
	百分比	3.82%	23.57%	7.43%	48.62%	16.56%	65.18%		
企业	频次	138	483	93	713	121	834	3.51	
	百分比	8.91%	31.20%	6.01%	46.06%	7.82%	53.88%		

表 3 - 41 的分析结果表明，事业单位的科技人才对创新激励环境的评价"非常不满意""比较不满意""一般""比较满意"和"非常满意"的分别为 3.82%、23.57%、7.43%、48.62% 和 16.56%；企业的科技人才对创新激励环境的评价"非常不满意""比较不满意""一般""比较满意"和"非常满意"的分别为 8.91%、31.20%、6.01%、46.06% 和 7.82%。不同单位的科技人才对创新激励环境的满意度分别为 65.18% 和 53.88%，评价分值分别为 3.13 和 3.51。相比较而言，不同单位的科技人才的满意度存在显著差异，卡方检验表明，这一结果在总体中也成立（$P<0.001$）。

5. 不同单位的科技人才对人才流动环境的评价

不同单位的科技人才对人才流动环境的评价状况、满意度分析、均值以及统计检验情况，见表 3 - 42。

表 3 - 42　　　　　　　不同单位的科技人才对人才流动环境的评价

单位	统计	非常不满意	比较不满意	一般	比较满意	非常满意	满意度	均值	统计检验
事业	频次	10	83	64	226	88	314	3.34	$\chi^2(4)$ =31.551 $P<0.001$
	百分比	2.12%	17.62%	13.59%	47.98%	18.68%	66.66%		
企业	频次	92	352	218	715	171	886	3.63	
	百分比	5.94%	22.74%	14.08%	46.19%	11.05%	57.24%		

表 3 - 42 的分析结果表明，事业单位的科技人才对人才流动环境的评价"非常不满意""比较不满意""一般""比较满意"和"非常满意"的分别为 2.12%、17.62%、13.59%、47.98% 和 18.68%；企业的科技人才对人才流动环境的评价"非常不满意""比较不满意""一般""比较满意"和"非常满意"的分别为 5.94%、22.74%、14.08%、46.19% 和 11.05%。不同单位的科技人才对人才流动环境的满意度分别为 66.66% 和 57.24%，评价分值分别为 3.34 和 3.63。相比较而言，不同单位的科技人才的满意度存在显著差异，卡方检验表明，这一结果在总体中也成立（$P < 0.001$）。

3.3.10 不同区域科技人才评价的差异性比较

浙江省涵盖 11 个地区，本研究按照这 11 个地区所处的地理位置，将它们划分为四个区域：杭嘉湖（杭州、嘉兴、湖州）、绍甬舟（绍兴、宁波、舟山）、台温（台州、温州）、金丽衢（金华、丽水、衢州）。

1. 不同区域的科技人才对管理体制的评价

不同区域科技人才对管理体制环境的评价状况、满意度分析、均值以及统计检验情况，见表 3 - 43。

表 3 - 43　　　　不同区域的科技人才对管理体制的评价

区域	统计	非常不满意	比较不满意	一般	比较满意	非常满意	满意度	均值	统计检验
杭嘉湖	频次	11	76	99	610	274	884	3.99	
	百分比	1.03%	7.10%	9.25%	57.01%	25.61%	82.62%		
绍甬舟	频次	6	12	26	177	78	255	4.03	$\chi^2(12)$ =31.656 $P < 0.01$
	百分比	2.01%	4.01%	8.70%	59.20%	26.09%	85.29%		
台温	频次	9	47	38	234	127	361	3.93	
	百分比	1.98%	10.33%	8.35%	51.43%	27.91%	79.34%		
金丽衢	频次	10	10	14	107	54	161	3.95	
	百分比	5.13%	5.13%	7.18%	54.87%	27.69%	82.56%		

表 3-43 的分析结果表明，杭嘉湖的科技人才对管理体制的评价"非常不满意""比较不满意""一般""比较满意"和"非常满意"的分别为 1.03%、7.10%、9.25%、57.01% 和 25.61%；绍甬舟的科技人才对管理体制的评价"非常不满意""比较不满意""一般""比较满意"和"非常满意"的分别为 2.01%、4.01%、8.70%、59.20% 和 26.09%；台温的科技人才对管理体制的评价"非常不满意""比较不满意""一般""比较满意"和"非常满意"的分别为 1.98%、10.33%、8.35%、51.43% 和 27.91%；金丽衢的科技人才对管理体制的评价"非常不满意""比较不满意""一般""比较满意"和"非常满意"的分别为 5.13%、5.13%、7.18%、54.87% 和 27.69%。四个区域的科技人才对管理体制的满意度分别为 82.62%、85.29%、79.34% 和 82.56%，评价分值分别为 3.99、4.03、3.93 和 3.95。

不同区域的科技人才对管理体制的评价还是相对比较高的。其中，满意度最高的为"绍甬舟"区域，比较满意和非常满意的占到了 85.29%，评价分值为 4.03；相比较而言，"台温"区域的满意度为 79.34%，是四个区域中最低的，评价分值为 3.93；"杭嘉湖"与"金丽衢"两个区域介于中间，评价分值为 3.99 与 3.95，满意度也都高于 80%。结果反映出，"绍甬舟"区域的科技人才对于目前的管理体制环境是最满意的。卡方检验表明，这一结果在总体中也成立（$P < 0.01$）。

2. 不同区域的科技人才对培训与交流环境的评价

不同区域的科技人才对培训与交流环境的评价状况、满意度分析、均值以及统计检验情况，见表 3-44。

表 3-44　　　　不同区域的科技人才对区域培训与交流环境的评价

区域	统计	非常不满意	比较不满意	一般	比较满意	非常满意	满意度	均值	统计检验
杭嘉湖	频次	47	276	7	528	212	740	3.54	
	百分比	4.39%	25.79%	0.65%	49.35%	19.81%	69.16%		

区域	统计	非常 不满意	比较 不满意	一般	比较 满意	非常 满意	满意度	均值	统计检验
绍甬舟	频次	8	80	7	143	61	204	3.57	
	百分比	2.68%	26.76%	2.34%	47.83%	20.40%	68.23%		$\chi^2(12)$ $=32.457$ $P<0.001$
台温	频次	22	103	12	235	83	318	3.56	
	百分比	4.84%	22.64%	2.64%	51.65%	18.24%	69.89%		
金丽衢	频次	8	49	9	77	52	129	3.59	
	百分比	4.10%	25.13%	4.62%	39.49%	26.67%	66.16%		

表 3-44 的分析结果表明，杭嘉湖的科技人才对培训与交流环境的评价"非常不满意""比较不满意""一般""比较满意"和"非常满意"的分别为 4.39%、25.79%、0.65%、49.35% 和 19.81%；绍甬舟的科技人才对培训与交流环境的评价"非常不满意""比较不满意""一般""比较满意"和"非常满意"的分别为 2.68%、26.76%、2.34%、47.83% 和 20.40%；台温的科技人才对培训与交流环境的评价为"非常不满意""比较不满意""一般""比较满意"和"非常满意"的分别为 4.84%、22.64%、2.64%、51.65% 和 18.24%；金丽衢的科技人才对培训与交流环境的评价"非常不满意""比较不满意""一般""比较满意"和"非常满意"的分别为 4.10%、25.13%、4.62%、39.49% 和 26.67%。四个区域的科技人才对培训与交流环境的满意度分别为 69.16%、68.23%、69.89% 和 66.16%，评价分值分别为 3.54、3.57、3.56 和 3.59。

四个区域的科技人才对培训与交流环境的评价的分值介于 3.54~3.59 之间，满意度介于 66.16%~69.89% 之间。其中，满意度最高的为"台温"区域，比较满意和非常满意的占到了 69.89%，评价分值为 3.56；"金丽衢"区域的满意度为 66.16%，是四个区域中最低的，但其评价分值较高，为 3.59；"杭嘉湖"与"绍甬舟"两个区域介于中间，评价分值为 3.54 与 3.57，满意度也分别为 69.16% 与 68.23%。结果反映出，"台温"区域的科技人才对于目前的培训与交流环境是最满意的。卡方检验表明，这一结果在总体中也成立（$P < 0.001$）。

3. 不同区域的科技人才对科研支持环境的评价

不同区域的科技人才对科研支持环境的评价状况、满意度分析、均值以及统计检验情况，见表3-45。

表3-45 不同区域的科技人才对科研支持环境的评价

区域	统计	非常不满意	比较不满意	一般	比较满意	非常满意	满意度	均值	统计检验
杭嘉湖	频次	63	327	18	522	140	662	3.33	
	百分比	5.89%	30.56%	1.68%	48.79%	13.08%	61.87%		
绍甬舟	频次	13	72	8	165	41	206	3.50	$\chi^2(12)$ =56.807 $P < 0.001$
	百分比	4.35%	24.08%	2.68%	55.18%	13.71%	68.89%		
台温	频次	35	161	7	187	65	252	3.19	
	百分比	7.69%	35.38%	1.54%	41.10%	14.29%	55.39%		
金丽衢	频次	8	38	8	88	53	141	3.72	
	百分比	4.10%	19.49%	4.10%	45.13%	27.18%	72.31%		

表3-45的分析结果表明，杭嘉湖的科技人才对科研支持环境的评价"非常不满意""比较不满意""一般""比较满意"和"非常满意"的分别为5.89%、30.56%、1.68%、48.79%和13.08%；绍甬舟的科技人才对科研支持环境的评价"非常不满意""比较不满意""一般""比较满意"和"非常满意"的分别为4.35%、24.08%、2.68%、55.18%和13.71%；台温的科技人才对科研支持环境的评价"非常不满意""比较不满意""一般""比较满意"和"非常满意"的分别为7.69%、35.38%、1.54%、41.10%和14.29%；金丽衢的科技人才对科研支持环境的评价"非常不满意""比较不满意""一般""比较满意"和"非常满意"的分别为4.10%、19.49%、4.10%、45.13%和27.18%。四个区域的科技人才对科研支持环境的满意度分别为61.87%、68.89%、55.39%和72.31%，评

价分值分别为 3.33、3.50、3.19 和 3.72。

"金丽衢"区域的科技人才对科研支持环境是最满意的，比较满意和非常满意的占到了 72.31%，评价分值为 3.72；相比较而言，"台温"区域的满意度仅为 55.39%，是四个区域中最低的，评价分值为 3.19，也是最低的；"绍甬舟"与"杭嘉湖"两个区域介于中间，满意度分别为 68.89% 与61.87%，评价分值分别为 3.50 与 3.33。卡方检验表明，这一结果在总体中也成立（$P < 0.001$）。

4. 不同区域的科技人才对创新激励环境的评价

不同区域的科技人才对人才创新激励环境的评价状况、满意度分析、均值以及统计检验情况，见表 3-46。

表 3-46　　　　　　不同区域的科技人才对创新激励环境的评价

区域	统计	非常 不满意	比较 不满意	一般	比较 满意	非常 满意	满意度	均值	统计检验
杭嘉湖	频次	95	355	81	457	82	539	3.07	
	百分比	8.88%	33.18%	7.57%	42.71%	7.66%	50.37%		
绍甬舟	频次	16	77	17	149	40	189	3.40	$\chi^2(12)$ = 52.793 $P < 0.001$
	百分比	5.35%	25.75%	5.69%	49.83%	13.38%	63.21%		
台温	频次	36	111	21	244	43	287	3.32	
	百分比	7.91%	24.40%	4.62%	53.63%	9.45%	63.08%		
金丽衢	频次	9	51	9	92	34	126	3.47	
	百分比	4.62%	26.15%	4.62%	47.18%	17.44%	64.62%		

表 3-46 的分析结果表明，杭嘉湖的科技人才对创新激励环境的评价"非常不满意""比较不满意""一般""比较满意"和"非常满意"的分别为8.88%、33.18%、7.57%、42.71% 和 7.66%；绍甬舟的科技人才对创新激励环境的评价"非常不满意""比较不满意""一般""比较满意"和"非常满意"的分别为 5.35%、25.75%、5.69%、49.83% 和 13.38%；台温的科

技人才对创新激励环境的评价"非常不满意""比较不满意""一般""比较满意"和"非常满意"的分别为 7.91%、24.40%、4.62%、53.63% 和 9.45%；金丽衢的科技人才对创新激励环境的评价"非常不满意""比较不满意""一般""比较满意"和"非常满意"的分别为 4.62%、26.15%、4.62%、47.18% 和 17.44%。四个区域的科技人才对创新激励环境的满意度分别为 50.37%、63.21%、63.08% 和 64.62%，评价分值分别为 3.07、3.40、3.32 和 3.47。

与其他创新环境相比，四个区域的科技人才对创新激励环境的评价相对偏低，满意度最高的为"金丽衢"区域，满意度仅为 64.62%，评价分值为 3.47，低于 3.5。就"杭嘉湖"区域而言，科技人才对创新激励环境的评价是四个区域中最低的，满意度为 50.37%，评价分值为 3.07。"绍甬舟"与"台温"两个区域的满意度分别为 63.21% 与 63.08%，介于中间水平。卡方检验表明，这一结果在总体中也成立（$P < 0.001$）。

5. 不同区域的科技人才对人才流动环境的评价

不同区域的科技人才对人才流动环境的评价状况、满意度分析、均值以及统计检验情况，见表 3 – 47。

表 3 – 47 　　　　　　　不同区域的科技人才对人才流动环境的评价

区域	统计	非常不满意	比较不满意	一般	比较满意	非常满意	满意度	均值	统计检验
杭嘉湖	频次	52	220	166	513	119	632	3.40	
	百分比	4.86%	20.56%	15.51%	47.94%	11.12%	59.06%		
绍甬舟	频次	10	66	40	138	45	183	3.47	$\chi^2(12)$ =24.777 $P < 0.05$
	百分比	3.34%	22.07%	13.38%	46.15%	15.05%	61.20%		
台温	频次	34	101	51	210	59	269	3.35	
	百分比	7.47%	22.20%	11.21%	46.15%	12.97%	59.12%		
金丽衢	频次	6	48	25	80	36	116	3.47	
	百分比	3.08%	24.62%	12.82%	41.03%	18.46%	59.49%		

表 3 - 47 的分析结果表明，杭嘉湖的科技人才对人才流动环境的评价
"非常不满意""比较不满意""一般""比较满意"和"非常满意"的分别
为 4.86%、20.56%、15.51%、47.94% 和 11.12%；绍甬舟的科技人才对人
才流动环境的评价"非常不满意""比较不满意""一般""比较满意"和
"非常满意"的分别为 3.34%、22.07%、13.38%、46.15% 和 15.05%；台
温的科技人才对人才流动环境的评价"非常不满意""比较不满意""一般"
"比较满意"和"非常满意"的分别为 7.47%、22.20%、11.21%、46.15%
和 12.97%；金丽衢的科技人才对人才流动环境的评价"非常不满意""比较
不满意""一般""比较满意"和"非常满意"的分别为 3.08%、24.62%、
12.82%、41.03% 和 18.46%。四个区域的科技人才对人才流动环境的满意
度分别为 59.06%、61.20%、59.12% 和 59.49%，评价分值分别为 3.40、
3.47、3.35 和 3.47。

四个区域的科技人才对人才流动环境的评价没有达到比较满意的水平，
满意度最高的为"绍甬舟"区域，满意度仅为 61.20%，评价分值低于
3.5；"金丽衢"与"台温"区域的满意度分别为 59.49% 与 59.12%，排
在第二位与第三位；"杭嘉湖"区域的科技人才对人才流动环境的评价满
意度最低，为 59.06%，评价分值为 3.40。卡方检验表明，这一结果在总
体中也成立（$P < 0.05$）。

3.4 创新环境评价差异的影响因素

3.4.1 变量的界定

为了进一步探讨不同区域科技人才对创新环境评价差异性的原因，本书
将主要选取性别、学历、工作年限、职称、职务、工作类型、单位等因素，
研究它们对创新环境各个方面评价的影响。变量的具体界定，见表 3 - 48。

表 3 – 48   变量的界定与说明

变量	变量名称	变量界定
因变量	管理体制	若选择非常满意或比较满意，取值为 1；其他为 0
	培训与交流	若选择非常满意或比较满意，取值为 1；其他为 0
	科研支持	若选择非常满意或比较满意，取值为 1；其他为 0
	创新激励	若选择非常满意或比较满意，取值为 1；其他为 0
	人才流动	若选择非常满意或比较满意，取值为 1；其他为 0
自变量	性别	男性 = 1；女性 = 0
	学历	本科及以下 = 1；硕士 = 2；博士 = 3
	工作年限	5 年以下 = 1；5 ~ 10 年 = 2；10 年以上 = 3
	职称	初级及以职称 = 1；中级职称 = 2；副高级及以上职称 = 3
	职务	普通职工 = 1；中层领导 = 2；高层领导 = 3
	工作类型	科技研发人才 = 1，其他 = 0
	单位	事业单位 = 1；其他 = 0

3.4.2   创新环境评价差异的影响因素

本研究采用 Binary Logit 模型进行实证分析，研究性别、学历、工作年限、职称、职务、工作类型与单位等因素对创新环境各个方面评价的影响。同时，按区域分别进行分析。其中，为了降低共线性的影响，在工作年限与年龄两个变量中，本研究选取工作年限作为自变量。回归结果，见表 3 – 49。

表 3 – 49 的回归分析结果表明：①就"杭嘉湖"区域而言，高学历的科技人才对培训与交流环境的满意度更高；随着工作年限的增长，科技人才对培训与交流环境、科研支持环境的满意度呈下降的趋势；职称与创新激励、人才流动环境的满意度呈显著的负相关关系；职务越高，科技人才对创新环境的 5 个方面的满意度越高；事业单位的科技人才对科研支持环境的满意度要低于企业的科技人才。②"绍甬舟"的回归结果显示，男性对创新激励环境的满意度低于女性；工作年限与管理体制的满意度呈显著的负相关关系；职务与科研支持环境的满意度呈显著的正相关关系；研发型科技人才对培训与交

表3-49 创新环境满意度的影响因素

变量	杭嘉湖					绍甬舟				
	管理体制	培训与交流	科研支持	创新激励	人才流动	管理体制	培训与交流	科研支持	创新激励	人才流动
截距	1.276***	0.652*	0.520*	0.319	0.236	1.987***	0.868	1.096	2.293***	1.534***
性别	0.063	0.036	0.099	-0.040	-0.018	0.582	-0.314	0.103	-0.552*	-0.432
学历	-0.104	0.232**	0.004	0.070	0.152	-0.396	0.021	-0.067	-0.066	-0.197
工作年限	-0.091	-0.231*	-0.195*	0.101	0.097	-0.591**	0.049	-0.087	-0.281	-0.287
职称	-0.143	-0.072	0.033	-0.390***	-0.231*	0.292	0.027	-0.139	-0.163	-0.177
职务	0.468**	0.392***	0.361***	0.240*	0.278**	0.515	0.382	0.462*	0.193	0.374
工作类型	0.141	-0.126	0.054	-0.135	-0.082	0.020	-0.639**	-0.431	-0.394	0.061
单位	0.387	-0.119	-0.432*	0.066	-0.202	0.005	-0.304	-0.322	-0.518	-0.055
-2LL	979.263	1301.224	1393.701	1464.612	1434.181	236.361	349.560	349.337	366.348	384.734
C&S R²	0.009	0.019	0.022	0.017	0.013	0.044	0.053	0.069	0.086	0.048
N R²	0.014	0.027	0.030	0.023	0.017	0.078	0.075	0.097	0.118	0.065
Chi-square	9.225	20.919***	23.760***	18.663***	13.785*	13.451*	16.244**	21.380***	27.031***	14.627**

变量	台温					金丽衢				
	管理体制	培训与交流	科研支持	创新激励	人才流动	管理体制	培训与交流	科研支持	创新激励	人才流动
截距	1.111	-0.568	0.152	0.071	-0.464	2.723**	-0.380	0.103	0.959	0.181

续表

变量	台温					金丽衢				
	管理体制	培训与交流	科研支持	创新激励	人才流动	管理体制	培训与交流	科研支持	创新激励	人才流动
性别	-0.042	-0.038	-0.209	-0.087	-0.040	0.484	-0.001	0.072	-0.344	0.057
学历	-0.481**	-0.092	-0.120	-0.292*	-0.173	-0.516	0.086	-0.301	-0.333	-0.135
工作年限	-0.025	0.264	0.000	-0.218	0.156	-0.396	-0.285	-0.355	-0.453*	-0.186
职称	0.115	-0.286	-0.254	-0.021	-0.298	0.468	0.385	0.625*	0.839***	0.327
职务	0.169	0.803***	0.759***	0.610***	0.530**	-0.219	0.599**	0.627*	0.154	0.291
工作类型	0.346	-0.280	0.020	-0.015	0.320	0.294	0.096	0.103	-0.146	-0.457
单位	0.684	1.105**	0.062	0.990**	0.677	-0.836	-0.252	-0.277	-0.821	-0.235
-2LL	456.434	520.678	601.033	587.197	605.062	173.258	227.915	206.605	238.159	253.582
C&S R²	0.016	0.043	0.049	0.026	0.023	0.036	0.047	0.066	0.075	0.048
N R²	0.024	0.062	0.066	0.036	0.031	0.060	0.067	0.097	0.103	0.065
Chi-square	7.127	20.039***	23.066***	12.079*	10.476	7.207	9.468	13.253*	15.261**	9.682

注：*、**与***分别表示10%、5%与1%的统计显著性。

流环境的评价低于其他类型的人才。③"台温"区域表明，学历与管理体制、创新激励环境呈负相关关系；职务对培训与交流、科研支持、创新激励、人才流动环境的满意度有显著的促进作用；事业单位的科技人才对培训与交流、创新激励环境的满意度高于企业的科技人才。④"金丽衢"区域的结果显示，工作年限越久的科技人才，对创新激励环境的满意度越低；职称越高，科技人才对科研支持与创新激励环境越满意；职务与培训与交流、科研支持环境满意度呈显著的正相关关系。

3.5 结 论

本章通过对浙江省 2019 名科技人才的调查研究，从管理体制、培训与交流、科研支持、创新激励、人才流动 5 个方面分析了科技人才对不同区域创新环境的满意度，探讨了性别、学历、工作年限、职称、职务、工作类型、单位和区域等因素对创新环境各个方面评价的影响。研究发现。

（1）总体而言，科技人才对 5 个方面的创新环境的评价没有达到比较满意的水平，其中科技人才对管理体制的满意度最高，达到了 82.27%，对创新激励环境的评价最低，仅为 56.52%。

（2）通过对不同区域的比较研究发现，"绍甬舟"区域的科技人才对于目前的管理体制与人才流动环境两个方面的满意度最高，"台温"区域的科技人才对培训与交流环境最满意，"金丽衢"区域的科技人才对科研支持环境与创新激励环境两个方面最满意。

（3）性别、学历、工作年限、职称、职务、工作类型与单位等因素对各个创新环境满意度的影响，在"杭嘉湖""绍甬舟""台温"与"金丽衢"四个区域体现出了较大的差异性。

3.6 小 结

针对以往关于科技人才创新环境研究停留在对宏观层面的创新环境评价，

忽略了对创新的主体——科技人才的创新环境的调查研究，以及微观层面对创新环境维度的划分过于细化，导致涵盖的面较窄，对科技人才培训与交流环境、人才流动环境的研究等不足，本章从管理体制、培训与交流、科研支持、创新激励、人才流动 5 个方面设计了问卷，并对科技人才进行了调查。结果表明：总体而言，科技人才对 5 个方面的创新环境的评价没有达到比较满意的水平；不同区域的科技人才对创新环境的评价具有一定的差异性；人口背景特征因素对不同区域创新环境的评价也存在差异性的影响。①

———————————

① 本章部分内容发表于《统计科学与实践》2013 年第 2 期。

| 4 |
科技人才创新的激励偏好
与阻力因素研究

第3章分析了科技人才对创新环境的评价以及对不同类别的创新环境的满意度，本章在第3章的基础上，进一步分析科技人才的激励偏好以及对政策的需求，即，科技人才偏好于哪些激励措施、需要出台哪些政策措施以激发其创新活动。从物质型激励、成长型激励和自我实现型激励措施三个层面设计了激励偏好的措施以及从八个方面设计了政策需求的相关变量，采用问卷的调查方式，从不同性别、年龄、学历、工作年限、职称、职务、单位、区域等视角出发，探讨了科技人才对创新激励措施偏好的差异性，以及科技人才对创新政策的需求及其差异性。同时，选取青年科技人才作为研究对象，重点剖析了他们在创新过程中面临的阻力因素。

4.1 科技人才创新的激励偏好

4.1.1 文献回顾

当前，学者们主要从两个方面对科技人才创新激励因素进行了研究。一方面，主要是不同科技人才对创新激励因素偏好的差异性研究。例如，崔维军和李廉水（2009）以江苏省南通市 2600 名直属机关的科技人员为调查对象，采用现场问卷调查方式，实证研究了不同类型科技人员对个体成长、业务成就和金钱财富三个层面因素的偏好差异；向征和李志（2006）采用问卷调查、座谈访问等方法对重庆市中小民营企业科技人员五个层次的需要进行了研究，揭示出其需要的一般特征，以及不同类型的科技人员的需要的差异性。另一方面，主要是对创新激励措施的有效性的研究。例如，徐笑君、陈劲和许庆瑞（1999）从系统观的视角出发，在分析科技人员的职业特征的基础上，提出了科技人员的激励系统和激励模式，并在某通信企业和某钢铁企业进行了实证研究；张萌和高鹏（2009）以中国科学院青年科技人才为研究对象，研究了中科院青年科技人才的激励现状和存在问题。

从上述研究中，可以看出，目前对创新激励措施的偏好研究取得了一定的进展，但也存在着不足之处。其一，缺少对浙江省科技人才的研究，由于不同区域的科技体制具有较大的差异性，因此其他地区的研究结论推广到浙江省值得商榷；其二，良好的科研环境对科技人才的创新积极性的激发具有重要的作用，先前的研究也忽视了这一点。

4.1.2 调查对象与方法

本研究以浙江省 11 个地区的科技人才为调查对象，采用网络问卷的调查方式，调查科技人才认为激励创新最有效的措施。根据先前学者的研究，本研究从物质型激励、成长型激励和自我实现型激励措施三个层面设计了相关变量。

本次共回收有效问卷 2196 份。在被调查的科技人才中，男性科技人才占68.9%，女性占 31.1%；25 岁以下的科技人才占 1.9%，26～35 岁的占45.4%，36～45 岁的占 34.7%，46 岁及以上的占 17.9%；大专及以下学历的科技人才占 7.4%，本科学历的占 22.4%，硕士学历的占 34.9%，博士学历的占 35.3%；无职称的科技人才占 5.7%，初级职称的占 8.5%，中级职称的占 38.3%，副高级职称的占 33.0%，正高级职称的占 14.5%；事业单位的科技人才占78.6%，企业中的科技人才占21.4%。

4.1.3 总体状况分析

表4-1给出了科技人才认为激励创新最有效的措施。从表4-1的结果中可以看出，物质型激励、成长型激励、自我实现型激励与其他激励措施占的比重为41.12%、21.13%、31.79%与5.97%，科技人才认为对创新激励性最有效的措施排在前三位的分别是科研条件、一次性货币奖励、加薪。

表4-1　　　　　　　　　科技人才认为激励创新最有效的措施

激励类型	激励措施	频次	百分比（%）	总计（%）
物质型激励	一次性货币奖励	534	24.32	41.12
	加薪	342	15.57	
	额外福利	27	1.23	
成长型激励	晋升	313	14.25	21.13
	培训机会	151	6.88	
自我实现型激励	科研条件	698	31.79	31.79
其他	—	131	5.97	5.97

目前，科技人才的收入与过去相比有很大幅度提高，但横向比较之后可以发现，省内很多高校和科研院所科技人才的平均年收入才6万多元，仅为社会平均收入的2倍，与科技人才需要较长时间的准备周期不匹配，与创新型国家相比，这个差距太小，缺乏横向公平，所以科技人才对物质型激励措施十分看重。此外，由于科技人才与其他人才相比较，最大的优势就是对科学知识和科学技能的掌握，因此科技人才的需要起点就高，尽管他们十分注重物质型激励措施，但他们对自我实现型激励措施的需求度也较高。可以看出，对科技人才而言，物质型激励措施与自我实现型激励措施是两种非常有效的激励因素。

4.1.4 创新激励措施偏好分析

为了解不同特征对科技人员创新激励因素的偏好程度的影响，本研究将分别从性别、年龄、学历、工作年限、职称、职务、单位与区域等角度对科技人才的问卷答案的百分比进行统计分析。采用统计软件 SPSS 对数据进行分析。

1. 性别与创新激励措施偏好

不同性别的科技人才对创新激励因素的偏好分析，见表 4 - 2。通过表 4 - 2 可以看出：男性与女性科技人才对物质型激励措施的偏好所占的比重分别为 40.67% 与 42.11%；对成长型激励措施的偏好所占的比重分别为 20.50% 与 22.51%；对自我实现型激励措施的偏好所占的比重分别为 31.94% 与 31.43%。可见，女性科技人才对物质型激励措施与成长型激励措施的偏好要高于男性科技人才，而对自我实现型激励措施的偏好程度略微低于男性科技人才。

表 4 - 2　　　　不同性别的科技人才对创新激励措施的偏好分析

性别	统计	物质型激励	成长型激励	自我实现型激励	其他	总计	统计检验
男	频次	615	310	483	104	1512	$\chi^2(3) = 7.957$ $P < 0.05$
男	百分比	40.67%	20.50%	31.94%	6.88%	100.0%	
女	频次	288	154	215	27	684	
女	百分比	42.11%	22.51%	31.43%	3.95%	100.0%	

由于受我国传统观念的影响，男女两性对激励措施的偏好存在差异。男性科技人才在工作中往往更重视对工作成就的追求，而女性的偏好要弱于男性。同时，在用人机制中仍然存在着不同程度的"性别歧视"问题，男性在发展机会等方面要高于女性。因此，女性科技人才对物质型激励措施与成长型激励措施的偏好程度要强烈。

2. 年龄与创新激励措施偏好

不同年龄段的科技人才对创新激励措施的偏好分析，见表 4 - 3。从表 4 - 3 中可以看出，35 岁及以下、36 ~ 45 岁与 46 岁及以上的科技人才对物质型激励措施偏好所占的比重分别为 47.45%、34.78% 和 36.71%；对成长型激励措施偏好所占的比重分别为 20.31%、22.57% 和 20.51%；对自我实现型激励措施偏好所占的比重分别为 28.10%、34.78% 和 35.70%。其中，35 岁及以下的科技人才对物质型激励措施的偏好所占的比重要高于其他两个年龄段的科技人才，36 ~ 45 岁的科技人才对成长型激励措施偏好都高于其他两个年龄段的科技人才，46 岁及以上的科技人才对自我实现型激励措施的偏好要高。

表 4 - 3　　　　不同年龄段的科技人才对创新激励措施的偏好分析

年龄段	统计	物质型激励	成长型激励	自我实现型激励	其他	总计	统计检验
35 岁及以下	频次	493	211	292	43	1039	
	百分比	47.45%	20.31%	28.10%	4.14%	100.0%	
36 ~ 45 岁	频次	265	172	265	60	762	$\chi^2(6) = 40.380$ $P < 0.001$
	百分比	34.78%	22.57%	34.78%	7.87%	100.0%	
46 岁及以上	频次	145	81	141	28	395	
	百分比	36.71%	20.51%	35.70%	7.09%	100.0%	

年轻的科技人才多数是从高校毕业不久的学生，他们面临结婚、生子、买房等经济压力，同时工资收入不高，所以年轻的科技人才对物质型激励的需求程度要偏高。此外，36 ~ 45 岁是科技人才发展的黄金时期，因此这个年龄段的科技人才十分看重成长型的激励措施。

3. 学历与创新激励措施偏好

不同学历的科技人才对创新激励措施的偏好分析，见表 4 - 4。表 4 - 4

的结果表明，本科及以下学历、硕士学历与博士学历的科技人才对物质型激励措施的偏好所占的比重分别为 46.94%、39.95% 和 37.37%，所占比重逐步降低；对成长型激励措施的偏好所占的比重分别为 20.95%、23.11% 和 19.33%；同时选择自我实现型激励措施的百分比从 24.01% 递增到 39.18%。可见，学历越高，科技人才对物质型激励措施偏好程度越低，对自我实现型激励措施的偏好程度越高；此外，硕士学历的科技人才对成长型激励措施的偏好高于其他学历的科技人才。

表 4 - 4　　　　　不同学历的科技人才对创新激励措施的偏好分析

学历	统计	物质型激励	成长型激励	自我实现型激励	其他	总计	统计检验
本科及以下	频次	307	137	157	53	654	
	百分比	46.94%	20.95%	24.01%	8.10%	100.0%	
硕士	频次	306	177	237	46	766	$\chi^2(6)=46.310$ $P<0.001$
	百分比	39.95%	23.11%	30.94%	6.01%	100.0%	
博士	频次	290	150	304	32	776	
	百分比	37.37%	19.33%	39.18%	4.12%	100.0%	

随着科技人才学历的提升，他们的专业知识和技能也相应得到提高，因此追求个人能力得到极大发挥的愿望也越强。所以，对高学历的科技人才而言，尤其是博士学历的科技人才，为他们提供良好的科研环境，让他们实现自我的价值，这对他们的激励程度要高于物质型激励措施。

4. 工作年限与创新激励措施偏好

不同工作年限的科技人才对创新激励措施的偏好分析，见表 4 - 5。通过表 4 - 5 可以看出：5 年以下、5 ~ 10 年与 10 年以上的科技人才对物质型激励措施的偏好所占的比重分别为 47.32%、44.60% 和 36.77%，所占比重逐步降低；对成长型激励措施的偏好所占的比重分别为 20.52%、19.96% 和 21.91%；对自我实现型激励措施的偏好所占百分比分别为 29.39%、

29.94% 与 33.68%。可见，工作年限越高，科技人才对物质型激励措施偏好程度越低，对自我实现型激励措施的偏好程度越高，工作 10 年以上的科技人才对成长型激励措施的偏好要高于其他工作年限的科技人才。

表 4 – 5   不同工作年限的科技人才对创新激励措施的偏好分析

工作年限	统计	物质型激励	成长型激励	自我实现型激励	其他	总计	统计检验
5 年以下	频次	256	111	159	15	541	
	百分比	47.32%	20.52%	29.39%	2.77%	100.0%	
5~10 年	频次	219	98	147	27	491	$\chi^2(3) = 30.359$ $P < 0.001$
	百分比	44.60%	19.96%	29.94%	5.50%	100.0%	
10 年以上	频次	428	255	392	89	1164	
	百分比	36.77%	21.91%	33.68%	7.65%	100.0%	

随着科技人才工作年限的增加，他们的薪酬待遇也不断提高。按照马斯洛的需求层次理论，科技人才的低层次的需求得到满足，他们会追求更高层次的需求，所以工作年限会影响科技人才对成长型激励措施和自我实现型激励措施的偏好。

5. 职称与创新激励措施偏好

不同职称的科技人才对创新激励措施的偏好分析，见表 4 – 6。表 4 – 6 的分析表明，初级及以下、中级、副高级与正高级职称的科技人才对物质型激励措施的偏好所占的比重分别为 55.13%、41.69%、36.74% 和 35.85%，所占比重逐步降低；对成长型激励措施的偏好所占的比重分别为 20.19%、21.50%、22.10% 和 18.87%；同时选择自我实现型激励措施的百分比分别为 18.91%、31.24%、35.64% 和 37.11%，所占比重逐步增加。可见，职称越高，科技人才对物质型激励措施偏好程度越低，对自我实现型激励措施的偏好程度越高，此外，副高级职称科技人才对成长型激励措施的偏好高于其他职称的科技人才。

表4-6　　　　　　　不同职称的科技人才对创新激励措施的偏好分析

职称	统计	物质型激励	成长型激励	自我实现型激励	其他	总计	统计检验
初级及以下	频次	172	63	59	18	312	
	百分比	55.13%	20.19%	18.91%	5.77%	100.0%	
中级	频次	351	181	263	47	842	$\chi^2(9)=47.386$ $P<0.001$
	百分比	41.69%	21.50%	31.24%	5.58%	100.0%	
副高级	频次	266	160	258	40	724	
	百分比	36.74%	22.10%	35.64%	5.52%	100.0%	
高级	频次	114	60	118	26	318	
	百分比	35.85%	18.87%	37.11%	8.18%	100.0%	

在当前的薪酬体制下，随着职称的提升，科技人才能够获得更好的待遇，主要包括薪酬、项目资助等。因此，职称越低，科技人才对物质型激励措施偏好程度越高。此外，由于高级职称的科技人才能够获得较好的薪酬待遇，职称级别得到满足，所以他们十分看重科研条件，以实现自我的价值。

6. 职务与创新激励偏好措施

不同职务的科技人才对创新激励措施的偏好分析，见表4-7。表4-7显示，基层及以下科技人才、中层科技人才与高层科技人才对物质型激励措施的偏好所占的比重分别为40.91%、43.12%和37.32%；对成长型激励措施的偏好所占的比重分别为21.60%、20.47%和19.62%；同时选择自我实现型激励措施的百分比分别为32.96%、28.99%和31.10%。可见，基层及以下科技人才与中层科技人才对物质型激励措施的偏好要高于高层科技人才，基层及以下科技人才对成长型激励措施与自我实现型激励措施的偏好程度高于中层与高层科技人才。

表 4-7　　　不同职务的科技人才对创新激励措施的偏好分析

职务	统计	物质型激励	成长型激励	自我实现型激励	其他	总计	统计检验
基层及以下	频次	587	310	473	65	1435	
	百分比	40.91%	21.60%	32.96%	4.53%	100.0%	
中层领导	频次	238	113	160	41	552	$\chi^2(6)=23.328$ $P<0.001$
	百分比	43.12%	20.47%	28.99%	7.43%	100.0%	
高层领导	频次	78	41	65	25	209	
	百分比	37.32%	19.62%	31.10%	11.96%	100.0%	

职务级别对科技人才的薪酬待遇有较大的影响。随着职务的提升，科技人才能够获得更好的工资、科研资源等。因此，基层及以下与中层科技人才对物质型激励措施的偏好要高于高层科技人才。同时，由于基层及以下科技人才的职位偏低，所以他们对成长型激励措施的偏好程度高于中层与高层科技人才。

7. 单位与创新激励措施偏好

不同单位的科技人才对创新激励措施的偏好分析，见表 4-8。表 4-8 的结果表明：事业单位与企业的科技人才对物质型激励措施的偏好所占的比重分别为 37.91% 和 52.87%；对成长型激励措施的偏好所占的比重分别为 21.62% 和 19.32%；选择自我实现型激励措施的百分比分别为 35.30% 和 18.90%。可见，企业的科技人才对物质型激励措施的偏好要高于事业单位的科技人才，而事业单位的科技人才对成长型激励措施与自我实现型激励措施的偏好程度高于企业的科技人才。

表 4-8　　　不同单位的科技人才对创新激励措施的偏好分析

单位	统计	物质型激励	成长型激励	自我实现型激励	其他	总计	统计检验
事业单位	频次	654	373	609	89	1725	
	百分比	37.91%	21.62%	35.30%	5.16%	100.0%	$\chi^2(3)=61.144$ $P<0.001$
企业	频次	249	91	89	42	471	
	百分比	52.87%	19.32%	18.90%	8.92%	100.0%	

事业单位通常是国家设置的不以盈利为目的，带有一定公益性质的组织机构，与以盈利为主要目的的企业具有较大的差异性，它们所采取的绩效薪酬体制也是有区别的。一般而言，事业单位的科技人才工资相对稳定，个人即使想通过加薪等途径实现对创新的激励，这往往是不现实的，因此他们与企业的科技人才相比，更加偏好成长型激励和自我实现型激励措施。

8. 区域与创新激励措施偏好

不同地区的科技人才对创新激励措施的偏好分析，见表 4 - 9。表 4 - 9 的结果表明：杭州地区与其他地区的科技人才对物质型激励措施的偏好所占的比重分别为 41.33% 和 40.92%；对成长型激励措施的偏好所占的比重分别为 19.62% 和 22.51%；选择自我实现型激励措施的百分比分别为 33.43% 和 30.28%。但统计检验显示，不同区域的科技人才对创新激励措施的偏好的差异并不显著。

表 4 - 9   不同区域的科技人才对创新激励措施的偏好分析

区域	统计	物质型激励	成长型激励	自我实现型激励	其他	总计	统计检验
杭州	频次	434	206	351	59	1050	$\chi^2(3) = 4.309$ $P > 0.05$
	百分比	41.33%	19.62%	33.43%	5.62%	100.0%	
其他	频次	469	258	347	72	1146	
	百分比	40.92%	22.51%	30.28%	6.28%	100.0%	

4.2 科技人才对创新制度环境需求的差异性研究

4.2.1 问题的提出

在当前的市场经济体制下，科技人才作为技术创新主体，对我国创新活动的发展起着不可或缺的作用。因此，国家以及地方政府制定了大量的创新政策与措施，营造良好的制度环境，以激励科技人才进行创新活动与提升国家的自主创新能力。然而，政府对创新制度环境的供给与科技人才对创新制度环境的需求之间必须形成一致性，这样制度环境才能发挥出应有的效果。

目前，学者们对创新的制度环境的研究停留在定性的论述层面，缺少定量的研究。例如，王常柏、于化龙和刘立霞（2009）在对产业技术创新的制度环境的内涵和构成要素进行分析的基础上，构建了产业技术创新制度环境的评价指标体系；吴芷静（2010）探讨了如何促进企业自主创新的制度环境构建；郑亚莉和陶海青（2002）从技术创新的制度环境和技术创新的内在规律出发，阐述了技术创新的成长方式；徐治立（2007）研究了制约科技创新的制度困境；孙美丽和郭建华（2006）分析了我国企业在技术创新中存在的宏观和微观制度障碍。

因此，从定量层面研究科技人才对制度环境的需求显得尤为重要。鉴于此，本研究从科技人才自身的需求出发，对科技人才的创新制度环境需求意愿进行实证分析，以期为政府创新政策的制定与我国技术创新能力的提升提供理论对策与建议。

4.2.2 调研对象与方法

本研究选取浙江省 11 个地区的科技人才作为调查对象，调查科技人才认为政府在激发科技人才创新活动中最需要做的方面。结合当前的科技体制以及先前学者的研究，从完善公平合理的科技立项程序与审批制度、保护知识产权、完善科技成果评价和奖励制度、建设便捷的基础设施、营造廉洁高效的科技创新服务环境、促进人才合理流动、完善公平公正公开的用人制度、加快科研诚信制度建设等几个层面设计了相关题项，回收有效问卷 2019 份。

4.2.3 数据分析

1. 总体状况分析

表4-10给出了科技人才认为政府在激发科技人才创新活动中最需要做的方面。从表4-10的结果中可以看出，排在前三位的是："完善公平合理的科技立项程序与审批制度""完善科技成果评价和奖励制度"和"营造廉洁高效的科技创新服务环境"，所占的比例分别为：64.88%、11.29%和7.03%。但科技人才对"完善公平公正公开的用人制度""加快科研诚信制度建设"和"促进人才合理流动"等三个方面的需求偏弱，所占比例分别为：2.67%、2.48%和1.54%。

表4-10　　科技人才认为政府在激发科技人才创新活动中最需要做的方面

制度环境	频数	百分比（%）	排序
完善公平合理的科技立项程序与审批制度	1310	64.88	1
保护知识产权	138	6.84	4
完善科技成果评价和奖励制度	228	11.29	2
建设便捷的基础设施	60	2.97	5
营造廉洁高效的科技创新服务环境	142	7.03	3
促进人才合理流动	31	1.54	8
完善公平公正公开的用人制度	54	2.67	6
加快科研诚信制度建设	50	2.48	7
其他	6	0.30	9

2. 创新制度环境需求的差异性分析

为了了解不同特征对制度环境需求的差异性，本研究将分别从性别、年龄、工作年限、学历、职称、职务、工作类型、单位与区域等角度对科技人才的问卷答案的百分比进行统计分析。采用统计软件对数据进行分析。为了更好地检验差异的显著性，本研究也对各要素变量进行了交叉分析。

（1）性别、年龄、工作年限与创新制度环境需求。

不同性别、年龄、工作年限的科技人才对创新制度环境需求的差异分析，见表4-11。

表4-11　　　　性别、年龄、工作年限对制度环境需求的差异分析

制度环境	性别		年龄			工作年限		
	女	男	35岁及以下	36~45岁	46岁及以上	5年以下	5~10年	10年以上
完善公平合理的科技立项程序与审批制度	65.00	65.11	62.77	69.03	63.43	61.63	64.86	66.83
保护知识产权	5.00	7.72	7.30	5.54	8.29	6.36	7.38	6.86
完善科技成果评价和奖励制度	12.50	10.78	12.72	9.09	12.00	14.12	11.50	9.91
建设便捷的基础设施	3.28	2.84	3.55	2.27	2.86	3.98	2.60	2.67
营造廉洁高效的科技创新服务环境	7.50	6.85	7.19	7.24	6.29	6.36	8.03	6.96
促进人才合理流动	0.78	1.89	1.25	1.42	2.57	1.19	1.30	1.81
完善公平公正公开的用人制度	3.28	2.40	3.34	2.41	1.43	4.37	2.17	2.10
加快科研诚信制度建设	2.66	2.40	1.88	2.98	3.14	1.99	2.17	2.86
皮尔逊卡方	11.277		22.710*			19.794		

注：*、**与***分别表示10%、5%与1%的统计显著性。

通过表4-11可以看出：不同性别、工作年限的科技人才对创新制度环境需求的差异并不显著，而不同年龄的科技人才的需求差异是显著的。其中，35岁以下的科技人才对"完善科技成果评价和奖励制度""建设便捷的基础设施"和"完善公平公正公开的用人制度"3个方面的需求要高于其他年龄段的科技人才；36~45岁的科技人才对"完善公平合理的科技立项程序与审批制度""营造廉洁高效的科技创新服务环境"2个方面的需求高于其他两个

年龄段的科技人才；46 岁及以上的科技人才对"保护知识产权""促进人才合理流动"和"加快科研诚信制度建设"3 个方面的需求高于其他两个年龄段的科技人才。

（2）学历、职称、职务与创新制度环境需求。

不同学历、职称、职务的科技人才对创新制度环境需求的差异分析，见表 4 - 12。

表 4 - 12　　　　　　学历、职称、职务对制度环境需求的差异分析

制度环境	学历			职称			职务	
	本科及以下	硕士	博士	初级及以下	中级	副高级及以上	无	有
完善公平合理的科技立项程序与审批制度	54.03	67.95	71.05	45.91	65.89	70.05	70.28	54.75
保护知识产权	12.18	5.32	4.12	15.66	5.53	5.34	4.33	11.87
完善科技成果评价和奖励制度	16.64	10.04	8.37	18.86	10.68	9.63	8.81	16.32
建设便捷的基础设施	2.92	2.81	3.19	2.85	3.86	2.30	2.69	3.56
营造廉洁高效的科技创新服务环境	7.55	7.53	6.24	7.83	8.11	5.97	7.17	6.82
促进人才合理流动	2.40	1.48	0.93	2.49	1.03	1.68	1.34	1.93
完善公平公正公开的用人制度	2.40	2.22	3.32	4.27	2.45	2.41	2.69	2.67
加快科研诚信制度建设	1.89	2.66	2.79	2.14	2.45	2.62	2.69	2.08
皮尔逊卡方	80.937 ***			86.232 ***			78.973 ***	

注：*、** 与 *** 分别表示 10%、5% 与 1% 的统计显著性。

表 4 - 12 的分析结果表明，不同学历、职称、职务的科技人才对制度环境的需求的差异是显著的。其中，学历越高、职称越高，科技人才对"完善公平合理的科技立项程序与审批制度""加快科研诚信制度建设"两个方面的需求度越高，但对"保护知识产权""完善科技成果评价和奖励制度"两

个方面的需求度越低；无职务的科技人才与具有职务的科技人才相比，对"完善公平合理的科技立项程序与审批制度""加快科研诚信制度建设"的需求度要高，分别高出15.53%和0.61%，而对"保护知识产权""完善科技成果评价和奖励制度"的需求度要低，差值为7.54%和7.51%；博士学历、中级职称与具有职务的科技人才对"建设便捷的基础设施"的需求度高于其他类型的人才，所占比例分别为3.19%、3.86%和3.56%；本科及以下学历、初级及以下职称、具有职务的科技人才对"营造廉洁高效的科技创新服务环境"的需求度更高，所占比例分别为7.55%、8.11%和7.17%；博士学历、初级及以下职称的科技人才对"完善公平公正公开的用人制度"的需求更高，所占比例分别为3.32%和4.27%，虽然无职务与有职务的科技人才对这方面的需求具有一定的差异性，但并不大。

（3）工作类型、单位、区域与创新制度环境需求。

不同工作类型、单位、区域的科技人才对创新制度环境需求的差异分析，见表4-13。

表4-13　　工作类型、单位类型、区域对制度环境需求的差异分析

制度环境	工作类型		单位			区域	
	研发	非研发	高校	科研院所	企业	杭州	非杭州
完善公平合理的科技立项程序与审批制度	70.27	52.47	73.76	56.60	44.97	67.85	62.96
保护知识产权	4.77	11.93	4.27	5.11	14.99	5.40	7.97
完善科技成果评价和奖励制度	9.12	16.70	7.25	14.47	21.20	10.56	11.91
建设便捷的基础设施	2.52	4.09	2.14	5.53	4.07	2.99	2.98
营造廉洁高效的科技创新服务环境	6.73	7.84	6.71	7.23	7.92	7.00	7.09
促进人才合理流动	1.26	2.21	0.69	4.26	2.57	1.03	1.93
完善公平公正公开的用人制度	2.52	3.07	2.44	3.40	3.00	2.53	2.80
加快科研诚信制度建设	2.81	1.70	2.75	3.40	1.28	2.64	2.36
皮尔逊卡方	81.456 ***		203.498 ***			10.236	

注：*、**与***分别表示10%、5%与1%的统计显著性。

表4-13的结果显示,不同区域的科技人才对创新制度环境需求的差异并不显著,而不同工作类型、单位的科技人才的需求差异是显著的。其中,从事研发岗位的科技人才仅对"完善公平合理的科技立项程序与审批制度""加快科研诚信制度建设"的需求高于非研发岗位的科技人才,分别高出17.8%和1.11%;高校的科技人才对"完善公平合理的科技立项程序与审批制度的需求"高于科研院所与企业,所占比例为73.76%;科研院所的科技人才对"建设便捷的基础设施""完善公平公正公开的用人制度""加快科研诚信制度建设"高于其他两类单位的科技人才,所占比例分别为5.53%、3.40%和3.40%;企业中的科技人才对"保护知识产权""完善科技成果的评价和奖励制度"和"营造廉洁高效的科技创新服务环境"具有更高的需求度,所占比例分别为14.99%、21.20%和7.92%。

4.2.4 结论

本研究基于对浙江省11个地区的2019名科技人才的调查,从不同性别、年龄、工作年限、学历、职称、职务、工作类型、单位、区域等视角出发,探讨了科技人才对技术创新制度环境需求的差异性,主要得出以下结论:

(1)科技人才认为政府在激发科技人才创新活动中最需要做的方面,排在前三位的是:"完善公平合理的科技立项程序与审批制度""完善科技成果评价和奖励制度""营造廉洁高效的科技创新服务环境",所占的比例分别为:64.88%、11.29%和7.03%,排在后三位的依次是"完善公平公正公开的用人制度""加快科研诚信制度建设"和"促进人才合理流动"等三个方面的需求偏弱,所占比例分别为:2.67%、2.48%和1.54%。

(2)不同年龄、学历、职称、职务、工作类型、单位的科技人才对制度环境的需求的差异是显著的,但不同性别、工作年限、区域的科技人才对创新制度环境需求的差异并不显著。

本研究得出的结论,具有一定的政策启示。首先,政府应进一步完善科技立项程序与审批制度,保证项目立项与审批过程中公平性与合理性;其次,努力完善科技成果评价和奖励制度,以及积极营造廉洁高效的科技创新服务环境；最后，政府在对各项制度环境的供给中，要注重满足不同年龄、学历、职称、职务、工作类型、单位的科技人才对制度环境的需求。

4.3 科技人才创新的阻力因素分析
——以青年科技人才为例

4.3.1 问题的提出

青年科技人才是个特殊群体，他们拥有高学历、年轻、创新力强，是创新的生力军甚至是主力军。然而，由于青年科技人才正处于职业生涯的起步阶段，在经济待遇、创新资源需求等方面，他们面临着一系列的问题。近年来，国家采取了一系列政策措施，大力推动青年科技人才的发展，也取得了显著的成绩。但同时，还存在着一些问题需要解决。

鉴于此，为更好地解决青年科技人才在创新活动中遇到的问题，充分激发青年科技人才的内在潜力，最大限度地提高青年科技人才的创新贡献率，本研究以 1662 名青年科技人才为研究对象，对青年科技人才在创新活动中遇到的困难、制约青年科技人才创新积极性的因素等进行了研究，以期为相关政策的制定提供理论依据与对策建议。

4.3.2 数据来源与样本描述

1. 青年科技人才的界定

目前，学术界对青年的界定还没有达成一致的共识。冷熙亮（1999），郗杰英和杨守建（2008），胡玉坤、郑晓瑛和陈功等（2011）对青年的年龄界定问题进行了探讨，但没有给出统一的结论。此外，封铁英（2007），罗瑾琏和李思宏（2008）等人也从不同的视角对科技人才进行了界定，提出了一系列既有较大关联又具差异性的概念。

本研究在先前学者的基础上，将青年科技人才界定为：年龄在 14 ~ 35 岁之间，实际从事科学和技术知识的产生、促进、传播和应用活动的一类群体。

2. 样本描述

本研究以浙江省 11 个地区的青年科技人才为调查对象，调查青年科技人才在创新活动中面临的问题。共发放调查问卷 1800 份，回收有效问卷 1662 份，有效回收率为 92.33%。

在被调查的青年科技人才中，男性青年科技人才占 66.5%，女性占 33.5%；大专及以下学历的科技人才占 6.4%，本科学历的占 17.0%，硕士学历的占 36.7%，博士学历的占 39.9%；无职称的青年科技人才的占 6.8%，初级职称的占 9.2%，中级职称的占 44.6%，副高级职称的占 32.4%，正高级职称的占 6.9%；基层或无职务的青年科技人才占 73.0%，中层干部为 20.8%，高层领导为 6.2%。

4.3.3 结果分析

1. "很难争取到课题"是青年科技人才在创新活动中遇到的最主要困难

调查发现，青年科技人才在创新活动中遇到的列前三位的困难分别是："很难争取到课题"，占调查人数的 52.9%；"经费不足"，占被调查人数的 14.7%；"缺少科研和学术氛围"，占被调查人数的 8.1%。另外，"管理制度不灵活"成为第四项困难因素，所占比重为 5.7%；5.3% 的青年科技人才遇到的最主要困难是"科研工作不被重视"；3.4% 的青年科技人才在创新活动中"缺乏条件支持"。此外，"缺乏国际交流机会"和"工作时间无法保证"的青年科技人才所占比重都为 2.9%；2.8% 的青年科技人才认为"难以获取有效的信息"；而只有 0.2% 的青年科技人才在创新活动中遇到的最主要困难是"学术成果被剽窃"。见表 4 - 14。

表 4 – 14　　　　　青年科技人才在创新活动中面临的最主要困难

主要困难	频数	百分比（%）	主要困难	频数	百分比（%）
很难争取到课题	879	52.9	缺乏条件扶持	57	3.4
经费不足	245	14.7	国际交流机会不多	49	2.9
缺少科研和学术氛围	135	8.1	难以获取有效的信息	47	2.8
科研工作不被重视	89	5.3	工作时间无法保证	49	2.9
管理制度不灵活	94	5.7	学术成果被剽窃	3	0.2
工作流动困难	7	0.4	其他	8	0.5

　　青年时期是科技人才成长的关键阶段，也是创新的黄金阶段。因此，对青年科技人才创新活力的激发，具有重要意义。由于总体科技资源的有限性，决定了不可能所有科技人才都能够得到科研课题以及足够的科研经费，受资历、前期成果积累等因素的限制，使得青年科技人才很难争取到科研项目和经费支持。

2. "工作待遇偏低"是青年科技人才急需解决的首要问题

　　结果表明，对于浙江省的青年科技人才而言，他们认为最需要解决的问题是"工资待遇偏低""住房条件差"和"职称晋升困难"，分别占了41.5%、15.0%和14.7%。其中，有13.2%的被调查者认为"继续深造机会少"；有6.0%的青年科技人才认为"学术交流困难"；有4.6%的人认为"研究成果转化困难"。另外，3.1%的人认为"子女升学和就业困难"，0.7%的认为"工作调动困难"，如表4 – 15所示。

表 4 – 15　　　　　青年科技人才最迫切需要解决的问题分布

急需解决的问题	频数	百分比（%）	急需解决的问题	频数	百分比（%）
工资待遇偏低	689	41.5	研究成果转化困难	76	4.6
住房条件差	250	15.0	职称晋升困难	244	14.7
子女升学和就业困难	51	3.1	工作调动困难	11	0.7
学术交流困难	99	6.0	其他	23	1.4
继续深造机会少	219	13.2			

青年科技人才的薪酬待遇与过去相比有很大幅度提高，但由于青年科技人才在生活中面临结婚、住房等问题，对物质待遇的需求度相对较高。此外，青年科技人才的平均年收入与社会平均收入之间差距较小，与科技人才需要较长时间的准备周期不匹配，与创新型国家相比，这个差距也偏小。沈时伯（2011），张俊琴和来鹏（2008）等的研究，也得出了相同的结论。因此，青年科技人才普遍反映出急需解决工作待遇偏低的问题。

3. "科技资源分配不合理"是制约青年科技人才创新积极性的核心因素

分析发现，在制约青年科技人才创新积极性的因素中，"科技资源分配不合理""科研激励机制不完善"是两项最主要的因素，所占比重分别为26.4%和24.5%。其次是"科研经费投入不足"和"主要领导重视程度不够"，所占比重分别为14.4%和10.2%。6.4%的青年科技人才认为"政府有关部门支持力度不够"是制约其创新积极性的最主要因素，排在第五位。此外，"人才成长的相关法规落实不到位""科技成果的评价体系不健全"等因素也占一定的比重，但都低于5%。见表4-16。

表4-16　　　　　　青年科技人才创新积极性制约因素

创新积极性制约因素	频数	百分比（%）	创新积极性制约因素	频数	百分比（%）
主要领导重视程度不够	170	10.2	人才成长的相关法规落实不到位	71	4.3
政府有关部门支持力度不够	107	6.4	科技信息的获取和交流困难	42	2.5
科研激励机制不完善	407	24.5	科技成果的评价体系不健全	56	3.4
科研经费投入不足	239	14.4	社会保障体系不健全	52	3.1
科技资源分配不合理	438	26.4	其他	12	0.7
科研工作条件差	68	4.1			

当前，科技资源的分配存在一定的"马太效应"。"马太效应"的存在，

一方面，使得科研资源投向少数业绩优良者，在一定程度上有利于科技资源的最佳配置；另一方面，"马太效应"会导致科技资源在少数人高资历身上集中，并形成一定程度的垄断，也让一些具有发展前途的青年科技人才难以获得必要的科研支持，使其在极具创造力的最佳阶段得不到施展才华的机会（祁延慧，2009）。

4. "薪酬分配"和"科技计划立项评审"制度是改革的重点

为激发青年科技人才的创新积极性，578 人（34.8%）认为应重点改革"薪酬分配制度"；313 人（18.8%）认为"科技计划立项评审制度"才是改革的重点。其次是，"科技评价制度""科技奖励制度"，所占比重分别为16.9% 和 11.5%。此外，"科技管理体制""科技诚信制度""科研经费使用制度"所占的比例也都超过了 5%。见表 4 - 17。

表 4 - 17   应重点改革的制度

重点改革的制度	频数	百分比（%）	重点改革的制度	频数	百分比（%）
薪酬分配制度	578	34.8	科研经费使用制度	85	5.1
科技评价制度	281	16.9	科技管理体制	97	5.8
科技奖励制度	191	11.5	科技诚信制度	89	5.4
科技计划立项评审制度	313	18.8	其他	28	1.7

科技计划立项评审主要包括定性评价和定量评价两类。主要以定性评价为主，而定量评价指标体系相对缺乏。这致使在科研项目评价上，评审专家在很大程度上采取主观评价，同时对评审专家的选择也没有明确的标准，影响了项目立项评审的客观性、科学性。

5. 出台"有利于科技人才潜心研究的政策"是加强科技人才队伍建设的关键

对 1662 名青年科技人才调查的结果表明，为加强科技人才队伍建设，59.6% 的青年科技人才认为最需要出台的是"有利于科技人才潜心研究的政策"；其次是"支持青年科技人才脱颖而出的政策"，所占比例为15.6%；然后，有10.7%的青年科技人才认为最需要出台"有利于高层次创新型科技人才发展的政策"。此外，"支持科技人才创业的政策""健全和落实科研诚信制度""引导科技人才向企业流动的政策"所占比重分别为4.3%、3.2%和2.8%。值得注意的是，"促进科技人才国际化的政策""鼓励科技人才到农村和艰苦边远地区工作的政策"所占的比例偏低，分别为1.1%和0.7%。见表4-18。

表4-18　　　　　加强科技人才队伍建设，需要出台的政策措施

需要出台的政策措施	频数	百分比（%）	需要出台的政策措施	频数	百分比（%）
有利于科技人才潜心研究的政策	990	59.6	健全和落实科研诚信制度	54	3.2
有利于高层次创新型科技人才发展的政策	178	10.7	鼓励科技人才到农村和艰苦边远地区工作的政策	12	0.7
支持青年科技人才脱颖而出的政策	259	15.6	促进科技人才国际化的政策	18	1.1
支持科技人才创业的政策	72	4.3	其他	33	2.0
引导科技人才向企业流动的政策	46	2.8			

青年科技人才与其他人员相比，最大的差异就是，他们在注重低层次需求的同时，也十分注重自我价值实现的需要。因此，在满足物质需求的基础上，青年科技人才渴望出台有利于潜心研究的政策。

4.4　小　　结

基于国内外相关的文献研究，从物质型激励、成长型激励和自我实现型

激励措施三个层面设计了相关变量，以浙江省 11 个地区的 2196 名科技人才为调查对象，采用网络问卷的调查方式，从不同性别、年龄、学历、工作年限、职称、职务、单位、区域等视角出发，探讨了科技人才对创新激励措施偏好的差异性。结果发现，科技人才对物质型激励与自我实现型激励措施偏好程度高于对成长型激励措施的偏好。同时，性别、年龄、学历、工作年限、职称、职务与单位等不同的科技人才对创新激励措施的偏好存在明显差异。

然后，基于当前的科技体制以及相关的文献研究，从多个方面设计了相关变量，以浙江省 11 个地区的 2019 名科技人才为调查对象，从不同性别、年龄、工作年限、学历、职称、职务、工作类型、单位、区域等视角出发，探讨了科技人才对创新制度环境需求的差异性，最后依据分析结果，提出了完善创新制度环境的对策与建议。

最后，由于创新是国家持续发展的重要推动因素，而青年科技人才是创新的生力军，本研究也以浙江省的 1662 名青年科技人才为研究对象，从五个方面对青年科技人才的创新阻力进行了调查与分析。①

---

① 本章部分内容发表于《科技进步与对策》（2013 年第 14 期）、《特区经济》（2013 年第 12 期）和《中国青年研究》（2013 年第 8 期）。

| 5 |

科技人才创新的影响因素
及其绩效作用研究

为了从多个视角研究内外部因素对科技人才的影响作用，本章首先实证分析了人口背景特征、制度性因素对科技人才收入满意度的影响作用，并对高校、科研院所与企业的科技人才进行了对比研究。其次，对企业技术创新激励措施的总体水平以及技术创新激励措施不同维度进行了定量分析，探讨了企业规模、年龄、行业类别等影响企业技术创新激励措施的因素，以及对技术创新激励措施的不同维度对科技人才的影响效果进行实证研究。最后，由于研发（R&D）人员是科技人才的重要构成部分，从企业的层面，本章研究了影响企业研发人员投入的数量；同时，也研究了企业研发投入对企业绩效的影响机制。

5.1 人口背景特征、制度性因素
与科技人才收入满意度
——高校、科研院所与企业的对比研究

《国家中长期科学和技术发展规划纲要（2006－2020 年）》明确提出，到2020 年，实现"自主创新能力显著增强""基础科学和前沿技术研究综合实力显著增强""进入创新型国家行列"等，毋庸置疑，这离不开科技人才的作用。科技人才作为知识和科技的载体，构成了将科学技术转化为实际生产力和竞争优势的中介桥梁，科技人才也随之成为提升国家核心竞争力的战略资源和实现国家跨越式发展的关键因素（陈丹红，2006）。因此，提升创新能力、建设创新型国家，必须充分调动广大科技人员的工作积极性和科技创新的热情。《国家中长期人才发展规划纲要（2010－2020年）》也提出要突出培养造就创新型科技人才，然而在激励科技人才的诸多因素中，收入无疑是其中最重要的激励因素（陈涛，2007）。

近些年来，大量学者开始将研究的重点集中在对科技人才的收入分配、薪酬激励上，尤其是收入满意度的问题，也取得了一定的成果。然而，随着研究的深入，学者们也发现科技人才激励不足、收入不满意等现象普遍存在于不同组织之中。由于传统的理论（如马斯洛需求理论、赫兹伯格的双因素保健理论等）已不能很好地解释这些现象，为此，一些学者开始尝试从科技人才自身行为特征以及制度性因素出发研究上述问题。科技人才的背景特征、制度性因素和收入满意度的关系逐渐成为社会、经济和管理领域研究的重点问题之一。

从现有文献来看，尽管学者们已经从多个理论视角，就科技人才人口背景特征、制度性因素对收入满意度的影响进行了不少探讨，但是，现有研究忽略了两个问题。第一，忽略了制度性层面的因素对科技人才收入满意度的影响作用；第二，单位性质在科技人才背景特征、制度性因素对收入满意度的影响中的调节作用，即不同性质单位的科技人才的背景特征以及制度性因素对收入满意度的影响是有差异的。鉴于此，基于对浙江省2019名科技人才的调查，在区分单位性质基础上，实证检验了不同人口背景特征、制度性因素对科技人才收入满意度的影响。本研究有助于认清收入满意度中各个因素的影响程度，为提高科技人才收入满意度，激发科技人才创新积极性，以及为完善收入分配政策等提供理论依据和对策建议。

5.1.1 文献回顾

收入满意度是与薪酬激励、薪酬管理等相联系的概念。收入满意度是指公众在一定时期内，对个人收入的主观感受与预期的理想状态的比较评价（郑方辉和隆晓兰，2008）。收入满足度，是与收入满意度相似的另一个概念，指实际收入占所希望收入的比值（傅红春和罗文英，2004）。两个概念表达的是一个含义，都是指个体的实际收入与预期收入的一个对比。近年来，理论界开始从宏观经济指标、福利经济学等角度重新思考收入满意度的意义，他们指出，收入满意度比幸福指数更具有计量性，比基尼系数更具有全面性等（张洪海，2009）。

科技人才收入满意度的影响因素研究主要有以下几个方面：

1. 人口背景特征层面的影响因素

国内外基于个体人口背景特征层面的研究，大多数是以人力资本理论为出发点，重点研究科技人才性别、年龄、学历、工作年限、职称、职务、工作类型等对收入满意度的影响，但是并没有形成统一的观点。

人力资本理论指出科技人才的收入应该与其累积的知识和技能相联系。科技人才人力资本的形成，它是一个缓慢的、循序渐进的过程。因此，随着科技人才年龄和学历的增长，其知识会越加丰富，管理技能也越高，收入水平也会随之提高。按照赫尼曼（Heneman，1985）等学者的研究结论，收入满意度也会随之提高。与一般科技人才相比，高级科技人才作为劳动力市场上的稀缺资源，具有更高的不可替代性，能够获得比普通收入更高的回报，所以，科技人才的职务和职称等会影响其收入满意度。例如，郭际、吴先华和郭雨（2010）通过对浙江省660余个样本的调查，结果发现年龄越大的科技人员对收入的满意度越低，职称越高的科技人员对收入的满意度越高，但学历越高的科技人员的满意度越低。安德鲁斯和亨利（Andrews & Henry，1963），克莱恩和马赫尔（Klein & Maher，1996）等的研究也表明，学历与收入水平、收入满意度呈负相关关系，但李春玲（2003）也得出了不一致的结论。

此外，研究也发现性别也是影响收入满意度的一个因素。男女性别间的工资差异在社会转型时期依然很明显（王天夫、赖扬恩和李博柏，2008）。例如，陈涛和李廉水（2008）的研究指出，受中国几千年传统文化的影响，在同等条件下，女性要付出更多的努力才能得到回报，有时甚至得不到应有的回报，因此，付出与回报的不公平性使得她们的不满意感更为强烈，哈伯费尔德和申海（Haberfeld & Shenhav，1990）通过对美国女性科学工作者的研究表明，在1972年，女性科技工作者的收入要低于男性科技工作者收入的12%，到1982年增加到14%。然而，有的学者也得出了相反的结论，例如，郭际、吴先华和郭雨（2010）指出女性更注重家庭生活质量，对工资的期望值较低，因此与男性相比具有更高的收入满意度。此外，陈涛（2010），吴先华、郭际和陈涛（2011）等的研究也表明性别对收入满意度存在一定影响。

在个体人口背景特征相同的情况下，按照劳动分工等理论，劳动分工的不同，以及所从事的行业、职业也会造就收入的差距及其满意度问题。马戎（2009）指出，中国社会发展中出现的收入差异主要体现在三个群体之间的差异：区域差异、行业职业群体之间的差异、族群差异。罗宾逊（Robinson，1998）的实证研究证实，职业差异对收入有显著的影响。王天夫和崔晓雄（2010）的研究表明，个人收入的整体差异中，有超过13%的份额是由于行业的不同造成的；徐晓红和荣兆梓（2012）的研究也得出了相似的结论。

2. 制度性因素对科技人才收入满意度的影响

有关制度性因素对收入的影响，国内外的研究得出的结论较为一致，普遍认同制度是造成收入差距的重要原因（Easterly & Levine，2003）。目前，科技人才收入的分配主要有两大依据，一方面是实际工作贡献度，另一方面是职务和技术职称。因此，科技成果评价奖励制度与专业技术职称、职务评定制度会影响科技人才收入。

在当前的社会经济体制下，把科技人才的实际贡献度作为收入分配的主要标准，按照科技人才的劳动数量和质量分配个人收入是常用的一种分配形式。这会使得有能力的科技人才的工作贡献和工作绩效得到有效认可，也体现了收入分配的科学性、公正性。科技成果的评价奖励制度与按劳分配密切相关，科技成果评价奖励制度在对科技人才创新成果进行评价的基础上，按照实际贡献度，给予一定的奖励，所以科技成果的评价奖励制度是影响科技人才收入的一项重要的制度性因素。

将职务和技术职称作为科技人员收入分配的主要依据主要持这样一种观点："技术职称"或"职务"高的科技人才应该具有较强的劳动能力，以及相对较高的边际生产率，按照现代工资决定理论，从需求的角度而言，这类科技人才应该具有高的工资水平。此外，根据均衡价格工资理论，高职称或高职务的科技人才是一种稀缺性的人才，劳动力市场的供给小于需求，因此他们会获得高于市场价格的工资收入。同时，在高校、科研院所及企业中，职称、职务等与薪酬待遇紧密挂钩。所以，职称评定和职务评定制度也是影响科技人才收入的一项重要的制度性因素。

关于科技成果的评价奖励制度与专业技术职称、职务评定制度对科技人才收入满意度的影响的实证研究，国内外的研究相对较少。大量学者将研究视角集中在以下两个方面：一方面是如何量化科技成果，例如，郝立忠、袁红英和张鹏程（2001）依据直接指标和间接指标设计了初级、高级成果评价指标体系，也探讨了如何在一般性成果评价、科研人员考核、职称评审、成果鉴定、成果评奖等工作中应用该评价体系；石中和（2007）指出成果评价指标体系的缺失或不科学是影响我国应用技术类科技成果转化的重要因素，以应用技术类科技成果评价为研究内容，构建了成果评价指标体系。另一方面，是如何完善制度性的层面，以实现对科技人才的有效激励，例如，胡化凯、谢治国和张玉华（2005）研究指出，部分科研人员认为应该把创新创业的成果作为评定职称的量化指标，使技术人员容易取得与其实际贡献相应的职称，对职称或其他奖励的评审过程，应该规范化，做到客观、公正，对主要贡献者的奖励额度应不低于转化净收益的70%，增加对科技成果或职务成果完成人的奖励股份比例等，高月萍（2009）探讨了如何健全高校人文社会科学成果评价机制。

3. 单位类型对科技人才收入满意度的影响

科技人才依附于所在的工作单位，不同类型单位的性质、盈利能力等具有较大的差异性；同时，由于科技人才的心理预期不同，比如科技人才对企业的收入预期更高，因此单位类型对科技人才的收入满意度有重要的影响。例如，夏尔马（Sharma，2011）的研究表明，公共部门人员的收入满意度显著高于私有部门；陈涛（2010）发现不同企业性质的科技人员对薪酬满意度存在较大的差异性，李春玲和李实（2008）的研究也证实了单位类型对收入的影响。但是，有的学者的研究表明单位间的差异并不明显，例如，崔维军和李廉水（2008）基于江苏省 12 个地区科技人员收入的调查数据，利用泰尔 T 指数，从总体、不同区域和不同组织（高校科研院所、企业和事业单位）三个角度分析了江苏省科技人员收入的差异，结果表明，江苏省科技人员收入差异主要表现为组织内的差异，不同组织间的差异不大。

通过对相关文献的回顾和梳理，可以发现人口背景特征、制度性因素对科技人才收入满意度的影响日渐成为学者关注的焦点问题，而且现有文献已经形成了两条较为鲜明的研究思路，第一种思路注重研究科技人才背景特征对收入满意度的影响，忽略了制度性因素的作用；第二种思路注重不同单位科技人才收入满意度的比较研究。不过，现有研究也忽略了单位性质在人口背景特征、制度性因素对收入满意度影响中的调节作用，即不同性质单位的科技人才的背景特征和制度性因素对收入满意度的影响是有差异的。正是基于以上考虑，本研究按照单位性质区分高校样本、科研院所样本和企业单位样本，对比研究了科技人才的人口背景特征、制度性因素对收入满意度的影响。

5.1.2　数据、方法及变量选择

1. 数据来源

本研究选取浙江省的科技人才作为调研对象，在 2010 年浙江省科技活动人员和研发人员分别达到约 53 万人和 20 万人，但与创新型国家和国内同类地区相比，科技人才对生产力的贡献率低，因此，选取浙江省作为研究对象，研究科技人才收入满意度的影响因素，以实现对科技人才更好的激励，具有一定的代表意义，删除无效问卷后，该部分的有效问卷也为 2019 份，与第 3 章的数据相同。

2. 变量的界定

（1）收入满意度。参考陈涛（2010）的做法，对收入满意度的测量采用李克特（Likert）量表，测量条款为：您对当前自身收入水平的评价？将回答设为 5 个选项，分别为"非常不满意""比较不满意""一般""比较满意"和"非常满意"。5 级 Likert 量表每个选项分别被赋予 1~5 分值。

（2）背景特征。按照李焰、秦义虎和张肖飞（2011）的观点，人口背景特征主要包括年龄、性别、学历、教育专业、工作经历和任期等。因此，本书主要选取科技人才的性别、年龄、学历、教育专业、工作年限、职称、职务、工作类型 8 个方面进行研究。其中，对工作类型的界定，本研究选取科技研发人才作为主要研究对象，从事其他工作的科技人才作为参照对象。科技研发人才主要是指从事科学技术（含软科学）研究与开发的人才。此外，根据每个变量的属性，分别对其进行界定。

（3）制度性因素。本研究主要选取科技成果评价奖励制度和专业技术职称、职务评定制度作为制度层面的研究因素，对两类制度的测量采用李克特（Likert）5 级量表，测量条款分别为：您对当前科技人才专业技术职称、职务评定制度的评价？您对当前科技成果评价奖励制度的评价？1 代表非常不满意，5 代表非常满意。

（4）控制变量。除了个体人口背景特征、制度性因素的影响外，还有其他诸多因素会对科技人才的收入满意度产生影响。区域因素是研究中常用的控制变量。先前的研究表明，区域与收入水平存在着一定的相关关系（怀默霆，2009），因此要消除掉它产生的影响，使得研究中所要考察的变量效应得以净化。所以，本研究选取区域作为控制变量，采用当某科技人才位于杭州市时，取值 1，否则取值 0。

以上变量的具体界定，见表 5-1。

表 5-1　　　　　　　　　　变量的界定与说明

变量	变量名称	符号	变量界定
因变量	收入满意度	S	若选择非常满意或比较满意，取值为 1；其他为 0
控制变量	区域	L	若单位地点为杭州，取值为 1；其他为 0

续表

变量	变量名称	符号	变量界定
人口背景特征	性别	G	男性 =1；女性 =0
	年龄	A	35 岁及以下 =1；36~45 岁 =2；46 岁以上 =3
	学历	E	选取硕士学历作为参照点： E_1：本科及以下 =1；其他 =0 E_2：博士 =1，其他 =0
	教育专业	Z	自然科学类专业 =1，其他专业 =0
	工作年限	Y	5 年以下 =1；5~10 年 =2；10~15 年 =3；15 年以上 =4
	职称	T	选取中级职称为参照点： T_1：初级及以下职称 =1，其他 =0 T_2：副高级职称及以上 =1，其他 =0
	职务	M	选取中层领导为参照点： M_1：基层或无职务 =1，其他 =0 M_2：高层领导 =1，其他 =0
	工作类型	J	科技研发人才 =1，其他 =0
制度性因素	专业技术职称、职务评定制度	I_1	1 = 非常不满意，5 = 非常满意
	科技成果评价奖励制度	I_2	1 = 非常不满意，5 = 非常满意

3. 研究模型

在收入满意度的计量分析中，研究者曾选择二元或多元的 Logit 模型、Probit 模型以及 Tobit 模型对那些影响收入满意度的因素估计。其中，二元和多元 Logit 模型运用最广泛。本研究采用 Binary Logit 模型进行实证分析。综合以上的因素，构造计量模型，通过模型分别对高校、科研院所和企业样本进行检验。

$$S^* = \beta_0 + \beta_1 RC + \beta_2 IS + \beta_3 CR + \varepsilon$$

其中，S^* 代表一个未被观察的潜在变量，RC 代表个体人口特征变量，IS 是制度性因素，CR 代表控制变量，ε 满足标准正态分布。S 代表被解释变量，并和 S^* 之间存在如下关系：$S=1$，如果 $S^*>0$；$S=0$，其他。

当 $S=1$ 时，表明科技人才更倾向于对收入水平感到满意，即可以得到 S 的相应概率：$P(S=1)=P(S^{*}>0)=\Phi(\beta_{0}+\beta_{1}RC+\beta_{2}IS+\beta_{3}CR)$。采用最大似然估计法对参数进行估计。

5.1.3　实证结果与分析

1. 科技人才对收入满意度的评价情况

（1）高校、科研院所与企业科技人才对收入满意度的评价分析。

为了解不同单位的科技人才对收入满意度的评价情况，本研究采用统计软件 SPSS 对数据进行统计分析，结果见表 5-2。

表 5-2　　　　高校、科研院所与企业科技人才对收入满意度的评价

单位	统计	非常不满意	比较不满意	一般	比较满意	非常满意	总计	统计检验
高校	频次	237	598	58	343	77	1313	
	百分比	18.05%	45.54%	4.42%	26.12%	5.86%	100%	
科研院所	频次	50	114	5	56	10	235	$\chi^{2}(8)=113.514$ $P<0.001$
	百分比	21.28%	48.51%	2.13%	23.83%	4.26%	100%	
企业	频次	27	158	30	202	54	471	
	百分比	5.73%	33.55%	6.37%	42.89%	11.46%	100%	
总样本	频次	314	870	93	601	141	2019	
	百分比	15.55%	43.09%	4.61%	29.77%	6.98%	100%	

从表 5-2 中可以看出，总体而言，对收入非常满意的科技人才比率仅为 6.98%，比较满意的科技人才占 29.77%，一般占 4.61%，比较不满意的达到了 43.09%，完全不满意的仅占 15.55%，其中比较不满意和非常不满意所占的比重为 58.64%，非常满意和比较满意的为 36.75%，这说明大部分科技人才对自身的收入满意度不认可。从高校、科研院所和企业分别来看，企业中

的科技人才对收入非常满意和比较满意的所占比重为54.35%，明显高于高校的31.98%和科研院所的28.09%。这一结果证实了企业中的科技人才具有更高的收入满意度。卡方检验表明，这一结果在总体中也成立（$P < 0.001$）。

（2）高校、科研院所与企业样本相关变量的均值比较。

本研究首先对科技人才的人口背景特征、制度性因素和收入满意度进行了描述性统计分析。高校、科研院所和企业性质的不同，导致了三者之间存在较大差异，为了进一步分析主要变量之间的差异是否显著，还分别对高校样本、科研院所样本和企业样本的均值进行了独立样本 t 检验。t 检验是利用来自两个总体的独立样本，以推断两个总体的均值是否存在显著性差异的一种统计方法。具体结果，见表5-3。

表5-3　　　　　　高校、科研院所与企业样本相关变量的均值比较

变量	高校		科研院所		企业		t 值比较		
	均值	标准差	均值	标准差	均值	标准差	高校—科研院所	高校—企业	科研院所—企业
S	0.32	0.467	0.28	0.450	0.54	0.499	1.217	-8.491***	-7.043***
L	0.46	0.499	0.62	0.487	0.25	0.435	-4.446***	8.653***	9.698***
G	0.65	0.477	0.69	0.462	0.77	0.419	-1.360	-5.298***	-2.212**
A	1.71	0.719	1.57	0.721	1.74	0.830	2.733***	-0.878	-2.921***
E_1	0.11	0.310	0.26	0.442	0.82	0.388	-5.206***	-35.687***	-16.259***
E_2	0.51	0.500	0.29	0.456	0.03	0.181	6.556***	29.427***	8.397***
Z	0.22	0.417	0.16	0.369	0.07	0.252	2.332**	9.542***	3.509***
Y	2.66	1.196	2.40	1.285	2.72	1.209	2.816***	-0.925	-3.113**
T_1	0.04	0.199	0.16	0.365	0.40	0.491	-4.761***	-15.559***	-7.488***
T_2	0.56	0.496	0.40	0.492	0.25	0.436	4.590**	12.730***	3.948***
M_1	0.79	0.404	0.70	0.458	0.29	0.453	2.890***	21.465***	11.446***
M_2	0.02	0.134	0.06	0.237	0.33	0.470	-2.596***	-14.136***	-10.120***
J	0.82	0.383	0.74	0.439	0.37	0.483	2.931***	18.461***	10.286***
I_1	3.02	1.273	3.04	1.236	3.48	1.174	-0.253	-7.068***	-4.460***
I_2	3.21	1.195	2.96	1.182	3.63	1.071	2.896***	-7.218***	-7.355***

通过表 5 - 3 可以看出，企业样本科技人才的平均收入满意度为 0.54，经 t 值检验，在 1% 的统计水平上高于高校样本的 0.32、科研院所样本的 0.28，高校与科研院所的科技人才的平均收入满意度虽有差异，但并不显著。

科技人才人口背景特征的基本情况如下：高校、科研院所和企业中绝大多数均为男性，分别占到 0.65、0.69 和 0.77，在企业中的现象尤为明显；三类单位中科技人才以 36 ~ 45 岁居多；企业中本科及以下学历者居多，均值为 0.82，而高校中博士学历居多，均值为 0.51，这种差异十分显著，也与实际情况符合；自然科学专业的科技人才在三类单位中偏少，单位间的分布也有小幅度的显著差异；从总体而言，三类单位中，科技人才的工作年限的均值都介于 2 ~ 3 之间，平均工作 10 年以上，高校与企业间的均值的差异不显著；企业中初级及以下职称者居多，均值为 0.40，而高校中副高级及以上职称的科技人才居多，均值为 0.56，科研院所介于两者之间；高校中的科技人才无职位的偏多，均值为 0.79，其次是科研院所，而企业中的科技人才具有高层管理职位的明显高于高校与科研院所，均值为 0.33；从事研发工作的科技人才的数量，最高的为高校，均值为 0.82，其次是科研院所，均值为 0.74，再次是企业 0.37，这种差异均在 1% 的统计水平上显著。

就两类制度性因素的评价而言：企业样本的科技人才对专业技术职称、职务评定制度的平均满意度为 3.48，显著高于高校与科研院所样本，而高校与科研院所样本之间的差异并不显著；企业样本的科技人才对科技成果评价奖励制度的平均满意度为 3.63，显著高于高校的 3.21 与科研院所样本的 2.96，科研院所的均值还没有达到 3 的水平，满意度偏低。就科技人才的区域分布而言，科研院所中位于杭州市的科技人才居多，这也与实际科研院所在浙江省的分布情况以及科技人才的分布情况吻合。

通过表 5 - 3 可知，高校、科研院所和企业样本在科技人才的性别、年龄、职位、工作类型等特征上存在显著的差异，而且在两类制度性因素和收入满意度方面也存在较大的不同。这个结果初步说明了三组样本的科技人才的人口背景特征、制度性因素对其收入满意度有不同的影响。

各主要变量之间的 Pearson 相关系数最高为 0.570，没有超过 0.7 的高度相关门槛。

2. 科技人才收入满意度的影响因素研究

根据前文的回顾，将科技人才的人口背景特征、两类制度性因素作为自变量，区域因素作为控制变量，收入满意度作为因变量引进多元线性回归模型。在回归分析中，本研究采取了将每一类变量逐步放入回归方程的方法。

（1）人口背景特征、制度性因素与科技人才收入满意度。

分别选取高校、科研院所和企业样本，探讨人口背景特征、制度性因素对科技人才收入满意度的影响作用，回归分析结果，见表5－4。

由模型1～模型3可知，在所有变量进入回归方程后，影响高校科技人才收入满意度的变量有：教育专业、工作年限、职称、职务、工作类型、专业技术职称、职务评定制度以及科技成果评价奖励制度。其中，科技成果评价奖励制度影响最大，工作类型的影响最弱。在高校中，自然科学专业的科技人才与其他教育专业的科技人才相比，具有更低水平的收入满意度；随着工作年限的增长，科技人才的收入满意度有逐渐提高的趋势；初级及以下职称的科技人才的收入满意度要低于中级职称的科技人才；与中层职位的科技人才相比，高层职位的科技人才的收入满意度更高；研发型的科技人才的收入满意度低于其他工作类型科技人才。两类制度性因素均对收入满意度有显著的正向影响。

模型4～模型6的结果表明，在科研院所中，男性科技人才具有更高水平的收入满意度；本科以及以下学历科技人才的收入满意度低于硕士学历的科技人才；研发型的科技人才的收入满意度低于其他工作类型的科技人才。两类制度性因素均对收入满意度有显著的正向影响。其中，科技成果评价奖励的正向影响作用最强。

模型7～模型9的分析发现，就企业样本而言，区域、年龄、职务与两类制度性因素对收入满意度有显著的影响。位于杭州市的科技人才的收入满意度显著高于其他地区；随着年龄的增长，科技人才收入满意度有显著降低的趋势；无职位的科技人才的收入满意度低于中层职位的科技人才，但高层职位的科技人才的收入满意度显著高于中层职位的科技人才。虽然两类制度性因素均对收入满意度有显著的正向影响，但科技成果评价奖励制度的促进作用高于专业技术职称、职务制度。

表 5－4　人口背景特征、制度性因素对收入满意度的影响

变量		高校			科研院所			企业		
		模型 1	模型 2	模型 3	模型 4	模型 5	模型 6	模型 7	模型 8	模型 9
常数		-0.57*** (0.08)	0.06 (0.32)	-6.19*** (0.55)	-0.85*** (0.23)	-0.31 (0.77)	-6.05*** (1.29)	0.34*** 0.11	0.34 (0.47)	-7.50*** (0.97)
控制变量	L	-0.41*** (0.12)	-0.34*** (0.13)	-0.28 (0.16)	-0.15 (0.30)	-0.12 (0.35)	-0.02 (0.42)	-0.67*** (0.22)	-0.41* (0.24)	0.39** (0.33)
	G		-0.04 (0.13)	0.12 (0.16)		0.34 (0.35)	0.72* (0.41)		0.46* (0.25)	0.75 (0.31)
	A		0.07 (0.15)	0.07 (0.19)		0.42 (0.41)	0.50 (0.51)		-0.05 (0.23)	-0.25* (0.30)
	E_1		0.21 (0.21)	-0.02 (0.26)		-0.18 (0.43)	-0.92* (0.53)		0.23 (0.29)	0.67 (0.38)
人口背景特征	E_2		-0.03 (0.15)	0.08 (0.18)		0.26 (0.40)	-0.08 (0.47)		0.45 (0.60)	0.40 (0.77)
	Z		-0.35* (0.16)	-0.52*** (0.19)		0.02 (0.43)	0.35 (0.53)		-0.29 (0.41)	0.19 (0.54)
	Y		-0.001 (0.10)	0.193* (0.12)		-0.22 (0.24)	0.002 (0.30)		-0.20 (0.16)	-0.10 (0.21)
	T_1		0.72** (0.31)	0.73** (0.36)		0.31 (0.47)	0.09 (0.58)		-0.08 (0.26)	-0.17 (0.33)

续表

变量		高校			科研院所			企业		
		模型1	模型2	模型3	模型4	模型5	模型6	模型7	模型8	模型9
人口背景特征	T_2		-0.04 (0.18)	-0.12 (0.22)		-0.28 (0.45)	-0.54 (0.55)		-0.23 (0.30)	-0.32 (0.39)
	M_1		-0.55*** (0.17)	-0.27 (0.21)		-0.13 (0.41)	-0.001 (0.49)		-0.40 (0.25)	-0.56* (0.32)
	M_2		0.63 (0.45)	0.96* (0.56)		0.08 (0.72)	0.59 (0.88)		0.90*** (0.26)	1.20*** (0.36)
	J		-0.35** (0.16)	-0.56*** (0.20)		-1.18*** (0.37)	-1.43*** (0.47)		-0.18 (0.21)	-0.13 (0.28)
制度性因素	I_1			0.75*** (0.07)			0.62*** (0.18)			0.65*** (0.13)
	I_2			0.89*** (0.09)			0.98*** (0.20)			1.32*** (0.17)
统计量	-2LL	1634.424	1583.29	1131.53	278.80	262.91	194.18	639.62	609.60	406.31
	Cox & Snell R^2	0.009	0.047	0.324	0.001	0.066	0.303	0.020	0.081	0.403
	Nagelkerke R^2	0.012	0.065	0.454	0.002	0.096	0.436	0.027	0.108	0.539

注：括号内的数据为标准误（SE）值；*、**与***分别表示10%、5%与1%的统计显著性。

（2）三类样本的比较分析。

为了进一步比较高校、科研院所和企业样本中科技人才收入满意度差异性的影响因素，表5-5给出了不同人口背景特征、制度性因素对科技人才收入满意度影响作用的大小以及影响方向。

表5-5 三类样本影响因素的对比分析

变量		高校			科研院所			企业		
		系数	Exp（B）	影响	系数	Exp（B）	影响	系数	Exp（B）	影响
控制变量	L	-0.28	0.76	不显著	-0.02	0.98	不显著	0.39	1.48	++
人口背景特征	G	0.12	1.13	不显著	0.72	2.06	+	0.75	2.11	不显著
	A	0.07	1.08	不显著	0.50	1.64	不显著	-0.25	0.78	-
	E_1	-0.02	0.98	不显著	-0.92	0.40	-	0.67	1.96	不显著
	E_2	0.08	1.08	不显著	-0.08	0.92	不显著	0.40	1.49	不显著
	Z	-0.52	0.59	- - -	0.35	1.42	不显著	0.19	1.21	不显著
	Y	0.19	1.21	+	0.002	1.00	不显著	-0.10	0.91	不显著
	T_1	0.73	2.08	++	0.09	1.10	不显著	-0.17	0.84	不显著
	T_2	-0.12	0.88	不显著	-0.54	0.58	不显著	-0.32	0.73	不显著
	M_1	-0.27	0.76	不显著	-0.001	1.00	不显著	-0.56	0.57	-
	M_2	0.96	2.61	+	0.59	1.80	不显著	1.20	3.30	+++
	J	-0.56	0.57	- - -	-1.43	0.24	- - -	-0.13	0.88	不显著
制度性因素	I_1	0.75	2.12	+++	0.62	1.86	+++	0.65	1.92	+++
	I_2	0.89	2.42	+++	0.98	2.67	+++	1.32	3.76	+++

注：+、+++分别表示在10%与1%的统计水平上有正向的影响作用；-、- - -分别表示在10%与1%的统计水平上有负向的影响作用。

从表5-5中可以看出，在控制变量与人口背景特征因素层面，区域、年龄、职位仅仅是影响企业科技人才收入满意度的因素；性别、本科及以下学历只在科研院所中起到影响作用；教育专业、工作年限与初级及以下职称只对高校样本中的科技人才产生影响作用；高层职位对高校与企业中的科技人才的收入满意度产生正向的影响。就两类制度性因素而言，虽然它们对三类单位科技人才的收入满意度均有显著的正向促进作用，但影响力度具有一定的差异性。其中，专业技术职称、职务评定制度对高校、科研院所与企业的影响力度分别为 2.12、1.86 与 1.92，可以看出，对高校科技人才的收入满意度所起的影响作用最大；科技成果评价奖励制度对高校、科研院所与企业的影响力度分别为 2.42、2.67 和 3.76，对企业科技人才的收入满意度所起的影响作用最大。

5.1.4　结论与讨论

1. 研究结论

选取浙江省 11 个地区的 2019 名科技人才为研究对象，运用均值比较、Logit 回归分析等方法，对比研究了高校、科研院所与企业三类单位中，人口背景特性、制度性因素层面对科技人才收入满意度的影响。主要研究结论如下：

（1）总体表明，科技人才对自身收入水平的评价偏低；其中，与高校、科研院所相比，企业科技人才的收入满意度相对要高。目前，我国许多高校与科研院所的科技人才的平均年收入才 6 万多元，仅为社会平均收入的 2 倍，按照人力资本工资理论，这与科技人才需要长时间的准备周期不相匹配。此外，以美国为例，在 2005 年，科技人员的年收入平均约为 58000 美元，在全社会中收入水平最高（崔维军和李廉水，2009）；与其他创新型国家相比，我国科技人才的收入与社会平均收入之间的差距太小。沈时伯（2011）、张俊琴和来鹏（2008）等人的研究也表明，我国科研人员的工资水平偏低，与其他行业职工的工资水平相比，并没有什么优越性，与科技人员特殊的劳动地位并不相称。这些原因使得科技人才对收入的满意度偏低。

（2）高校、科研院所与企业中科技人才的人口背景特征因素，及其对专业技术职称、职务评定制度与科技成果评价奖励制度的评价具有显著的差异性。其中，企业中本科及以下学历者、初级及以下职称居多，而高校中博士学历、副高级及以上职称居多。企业中，从事研发工作的科技人才数量，与高校、科研院所之间的差异十分明显。造成在高校、科研院所与企业中，科技人才相关人口背景特征变量差异的原因很多，但大致可归为两类：一是驱致性因素。科技人才与其他人员相比，主要优势是对知识和科学技能的掌握，因此科技人才的需要起点就高，科技人才在追求经济收入的同时，更会注重自身效能的发挥，以及自身价值的实现。二是引致性因素。按照"马太效应"理论，越是人才丰富的地方，人才越容易聚集（郑文力，2005）。高校与科研院所自身拥有的科技人才相对较多，尤其是从事研究与开发工作的科技人才，因此也易于聚集其他人才。此外，企业、高校与科研院所的科研环境、创新文化等也会对科技人才的聚集与分布产生影响。

此外，企业样本的科技人才对专业技术职称、职务评定制度与科技成果评价奖励制度的平均满意度都显著高于高校与科研院所样本，而高校与科研院所之间对专业技术职称、职务评定制度评价并无明显的差异；科研院所的科技人才科技成果评价奖励制度的平均满意度低于3，还没有达到一般水平，满意度偏低。这与企业、高校与科研院所中的绩效评价的内容、重点、周期与方向等的差异性也是相符的。

（3）人口背景特征变量、两类制度性因素以及区域在三类单位中所起的影响作用的大小具有一定的差异性。具体而言：在高校样本中，教育专业、工作年限、职称、职位与工作类型对科技人才的收入满意度产生显著的影响作用；在科研院所样本中，性别、学历与工作类型起到显著影响作用；在企业样本中，区域、年龄与职位对收入满意度的影响显著。

研究表明，在高校与科研院所中，从事研究与开发的工作的科技人才，与从事其他岗位的科技人才相比，具有更低的收入满意度。高校与科研院所中，不同岗位科技人才的收入差距不大，但所需的投入具有一定的差异性，按照亚当斯的公平理论，付出与回报比值的横向比较，造成了研发型科技人才收入满意度偏低。此外，与高校、科研院所相比，在企业中，高层职位对科技人才收入满意度的影响力度最大，这也与实际情况相吻合。值得注意的是，区域因素仅仅对企业中的科技人才的收入满意度的影响作用显著。这是由于，区域经济发展水平存在的差距，会影响到科技人才所在企业的二次分配能力，但高校与科研院所的收入分配受区域经济发展程度的影响相对要小。

就两类制度性因素而言，虽然它们对三类单位科技人才的收入满意度均有显著的正向促进作用，但影响力度具有一定的差异性。其中，专业技术职

称、职务评定制度对高校科技人才的收入满意度所起的影响作用最大；科技
成果评价奖励制度对企业科技人才的收入满意度所起的影响作用最大。在高
校中，科技人才的收入与专业技术职称、职务密切挂钩，职称的级别往往决
定着工资水平的高低，所以专业技术职称、职务评定制度对高校科技人才收
入满意度的影响力度最大。而在企业中，对科技人才的成果倾向于采取一次
性货币奖励、成果转化后的货币奖励、加薪等奖励措施，奖励的力度也普遍
高于高校与科研院所，因此相比较而言，科技成果评价奖励制度对企业科技
人才的收入满意度所起的影响作用要大。

2. 研究不足

本研究虽然取得了一定的成果，但由于受主观与客观原因的限制，也存
在着一些不足之处，在后续研究中尚需进一步的完善。例如，研究对象仅限
于浙江省的 2019 名科技人才，存在着一定的地理局限性，研究结论的全面的
推广有待于更多区域样本的进一步验证；此外，收入满意度是受多因素的影
响，在研究过程中，受调查数据的限制，没有对更多相关的其他变量加以控制。

5.2 企业科技人才创新激励措施对
科技人才的影响作用研究

5.2.1 文献回顾

自改革开放以来，我国企业的技术创新能力得到了有效的提升，但与国
外发达的创新型国家相比，还存在着一定的差距。我国企业技术创新能力整
体不强，其中一部分原因归于研发投入强度，我国研发经费强度低于绝大多
数发达国家的投入水平（甄丽明和唐清泉，2012）。然而，技术创新的效率
问题也是影响企业技术创新能力的另一个重要原因。技术创新效率偏低与我
国企业内部的技术创新激励措施的力度、单一性、无差异性等有着密切的关

系，例如，唐晓华、唐要家和苏梅梅（2004）研究指出，技术创新的激励不足和存在激励扭曲，会导致技术创新的低效率。企业的技术创新激励措施已成为制约技术创新效率的关键因素。

目前，与企业技术创新激励措施相关的研究主要围绕在技术创新激励措施的绩效评价方面。例如，伯霍普和吕贝尔斯（Burhop & Lübbers，2010）以德国的化学与电子工程两类行业为例，研究了对科学家实施不同创新激励措施对创新产出的影响；达维拉（Davila，2003）研究表明，短期激励措施对创新绩效的促进作用；付晓岚（Fu，2003）采用英国企业调查数据库的相关数据，经研究发现，与短期激励措施相比，长期激励措施对创新效率的促进作用更大；勒纳和伍尔夫（Lerner & Wulf，2007）通过美国企业的研究表明，长期激励措施（如股权激励），与公司专利数量存在显著的正相关关系，但短期激励（如奖金），与专利数量的关系并不显著；多尔仁恩和尚克曼（Belezon & Schankerman，2009）发现，金钱激励能够提高创新的质量，而非数量；霍尼格－哈弗特勒和马丁（Honig－Haftel & Martin，1993）研究表明，奖金和灵活的货币奖励与专利活动存在显著的正相关关系。此外，部分学者也对企业技术创新激励措施的影响因素进行了探讨。例如，马山水（2003）以民营科技企业为例，全面分析了人员结构、规模与效益、激励主体、技术创新特点等因素对企业激励机制设计的影响；江玲（2008）通过分析高科技企业知识型员工的创新激励现状及问题，识别了影响创新激励的因素。

从上述研究中，可以看出，对企业技术创新激励措施的绩效评价，以及影响因素的研究，取得了一定的进展。但是，也存在着不足之处。其一，在对企业技术创新激励措施的绩效评价时，多数研究的重点是分析企业的技术创新激励措施对企业创新绩效的促进效果，研究得出的结论具有较大的差异性，部分原因是技术创新激励措施对创新绩效的影响，受科研人员满意度等中介变量，以及组织环境等调节变量的影响（Lazear，1986），当前的研究忽略了这一点。其二，对技术创新激励措施的影响因素的研究偏重在理论层面的探讨，缺乏对企业的实证研究。其三，对企业技术创新激励措施的构成，缺乏细化的研究；激励措施的选取，也缺乏完整性，这使得研究的广度和深度还需进一步的完善。

鉴于此，对企业技术创新激励措施的总体水平以及技术创新激励措施不同维度进行定量分析，探讨影响企业技术创新激励措施的因素，以及对技术创新激励措施的不同维度对科研人员的影响效果进行实证研究，显得尤为重要。

5.2.2 数据来源与描述性分析

1. 调查内容与数据来源

首先，本研究基于 2011 年浙江省创新型企业申报数据库，选取了浙江省的 117 家企业。其中，企业申报数据不仅包括企业的研发资金与人员投入、新产品产值等数据，还包括企业制定的技术创新激励措施、创新战略的制定、战略实施等描述性文字资料。针对 117 家企业的技术创新激励措施，本研究聘请 3 名相关研究人员，对其进行解读、分类，确定了 8 项激励措施。然后，邀请了 10 位企业科研人员进行访谈，结果发现这 8 项措施具有较好的全面性与代表性。最终，本研究确定了 8 个方面的技术创新激励措施：一次性货币化奖励、成果产业化后的货币化奖励、股权激励、科研条件扶持、提供学习培训机会、提拔晋升、授予荣誉称号、住房等其他生活条件的改善，进行大规模问卷调查。调查内容分为两个部分，一方面是被调查者选择企业采取了哪些方面的技术创新激励措施以及对企业技术创新激励措施的满意度进行评价，另一方面是被调查者的人口背景特征与企业的基本状况。

在浙江省人事厅的支持下，问卷调查时间为 2011 年 11 月初开始，到 12 月底结束，历时两个月。为了提高研究的真实性与可靠性，本研究从每个企业中，选取 1 名从事技术创新相关工作的科研人员作为调研对象，在浙江省的 11 个地区共发放调查问卷 600 份，回收有效问卷 379 份，有效回收率为 63.17%。

2. 数据的描述性分析

本研究从被调查者的性别、年龄、学历、教育专业、职称、职位、工作年限，以及企业的类型、规模、成立年限与所属行业等方面对样本进行描述性分析，见表 5-6。

表 5 - 6 样本的描述性分析

项目	变量	比例（%）	项目	变量	比例（%）
性别	男	78.63	学历	博士	3.43
	女	21.37	职称	无职称	21.11
年龄	35 岁以下	48.81		初级	19.00
	36~45 岁	25.59		中级	32.72
	45 岁以上	25.59		副高级	16.89
工作年限	5 年以下	20.84		高级	10.29
	5~10 年	23.48	企业类型	国企	15.83
	10~15 年	13.98		民企	64.91
	15 年以上	41.69		其他	19.26
教育专业	工程与技术科学	63.32	企业规模	200 人以下	57.26
	其他专业	36.68		200 人及以上	42.74
职务	普通员工	25.33	成立年限	3 年以下	6.07
	中层领导	38.26		3~5 年	8.97
	高层领导	36.41		5~10 年	31.40
学历	大专及以下	30.34	行业类别	非制造业	35.88
	本科	50.40		制造业	64.12
	硕士	15.83			

5.2.3 企业技术创新激励措施的丰富度和聚焦度分析

本部分主要从丰富度和聚焦度两个方面对企业的技术创新激励措施进行测量分析，在此基础上对企业进行归类研究。其中，丰富度指企业所采取的全部技术创新激励措施的数量，数值为 1~8；聚焦度是指企业是否采取了 8 项技术创新激励措施中的某一项措施。

1. 企业技术创新激励措施的丰富度

对 379 家企业技术创新激励措施的丰富度进行频数统计，如图 5 - 1 所示。图 5 - 1 的结果表明，采取 8 项技术创新激励措施的企业有 11 家，只占

总数的 2.90%；采取 7 项技术创新激励措施的企业有 11 家，占总数的
2.90%；采取 6 项技术创新激励措施的企业有 38 家，占总数的 10.03%；采
取 5 项技术创新激励措施的企业有 50 家，占总数的 13.19%；采取 4 项技术
创新激励措施的企业，共有 73 家，占总数的 19.26%；最多的为采取 3 项技
术创新激励措施的企业有 80 家，占总数的 21.11%；采取 2 项技术创新激励
措施的企业有 54 家，占总数的 14.25%；采取 1 项技术创新激励措施的企业
有 62 家，占总数的 16.36%。

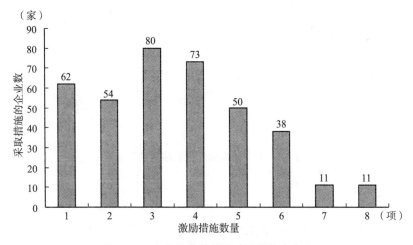

图 5-1 企业技术创新激励措施的丰富度

上述分析表明，所有采取技术创新激励措施的企业中，有 70.98% 的企
业并不具备 8 项技术创新激励措施中的 5 项。总体而言，采取 3 项和 4 项技
术创新激励措施的企业最多，但分别只占 21.11% 和 19.26%，说明企业技术
创新激励措施中包含的激励要素数目偏低，激励措施的丰富度不高。

2. 企业技术创新激励措施的聚焦度

对 379 家企业技术创新激励措施的聚焦度进行频数统计，如图 5-2 所示。
图 5-2 表明，56.99% 的企业采取了一次性货币化奖励措施，共 216 家；
57.78% 的企业采取了成果产业化后的货币化奖励措施，共 219 家；17.41% 的

企业采取了股权激励措施,共66家;44.85%的企业采取了科研条件扶持措施,共170家;64.12%的企业采取了提供学习培训机会措施,共243家;54.88%的企业采取了提拔晋升措施,共208家;34.56%的企业采取了授予荣誉称号措施,共131家;24.27%的企业采取了住房等其他生活条件的改善措施,共92家。

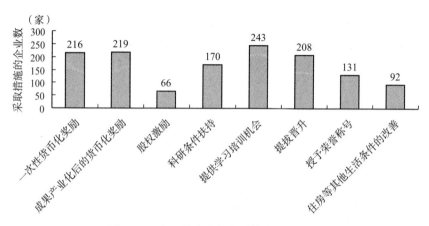

图5-2 企业技术创新激励措施的聚焦度

从以上分析中可以看出,企业采取最多的激励措施依次是:提供学习培训机会(64.12%)、成果产业化后的货币化奖励(57.78%)、一次性货币化奖励(56.99%),采取最少的措施是股权激励(17.41%)。

5.2.4 企业的归类分析

潜在类别分析(latent class analysis,LCA)是通过潜在类别模型,用潜在的类别变量来解释外显的类别变量之间的关联,使外显变量之间的关系通过潜在类别变量来估计,进而维持其外显变量之间的局部独立性(张洁婷、焦璨和张敏强,2010)。

1. 探索性潜在类别分析

为研究企业激励措施的共同之处,运用 Latent Gold 4.5 软件对数据进行潜在类别分析，采用探索性潜在类别分析方法，一共拟合了五个潜在类别模型，见表5-7。

表5-7 探索性潜在类别分析模型适配指标

模型	χ^2	G^2	AIC	BIC	df	Para
模型1	888.4397 (3.2e-73)	447.2677 (9.9e-14)	3847.3938	3878.8941	247	8
模型2	297.2187 (0.054)	273.0357 (0.059)	3691.1619	3758.1000	238	17
模型3	244.5569 (0.23)	232.3593 (0.43)	3668.5215	3770.8974	229	26
模型4	231.3695 (0.29)	216.6767 (0.55)	3670.8028	3808.6166	220	35
模型5	212.0402 (0.47)	202.9821 (0.64)	3675.1082	3848.3598	211	44

注：括号内为 P 值。

从以上五个模型的适配指标可以看出，模型2至模型5的 χ^2 和 G^2 没有拒绝假设（$P>0.05$），即可以建立潜在类别模型。AIC 指标从基准模型到模型3逐步递减，到模型4又上升；BIC 指标则是从基准模型到模型2递减，从模型3到模型5又逐步递增。由于本研究样本量相对较少（$N=379$），应主要使用 AIC 指标，并结合 BIC 指标拟合，因此，AIC 指标仍在减少而 BIC 指标开始上升的模型3作为潜在类别模型更为适配，得到一个三分类潜在类别模型。

2. 模型参数估计

对类别数目为3的模型，利用 EM 算法对潜在类别概率和潜在类别下各个项目条件概率的估计，结果如表5-8所示。

表5-8 模型参数估计

激励要素	变量概率	类别1	类别2	类别3
一次性货币化奖励	无（0）	0.6367	0.3028	0.1857
	有（1）	0.3633	0.6972	0.8143

续表

激励要素	变量概率	类别1	类别2	类别3
成果产业化后的货币化奖励	无（0）	0.4191	0.5551	0.2223
	有（1）	0.5809	0.4449	0.7777
股权激励	无（0）	0.9429	0.8809	0.4898
	有（1）	0.0571	0.1191	0.5102
科研条件扶持	无（0）	0.4738	0.7638	0.3879
	有（1）	0.5262	0.2362	0.6121
提供学习培训机会	无（0）	0.1302	0.8538	0.0794
	有（1）	0.8698	0.1462	0.9206
提拔晋升	无（0）	0.4086	0.7924	0.0123
	有（1）	0.5914	0.2076	0.9877
授予荣誉称号	无（0）	0.677	0.8167	0.3537
	有（1）	0.323	0.1833	0.6463
住房等其他生活条件的改善	无（0）	0.7435	0.9666	0.4617
	有（1）	0.2565	0.0334	0.5383
潜在类别概率	—	0.4560	0.3309	0.2131

从表 5 - 8 中可以看出，第一个潜在类别的企业最多，潜在类别概率为 0.4560，这类企业缺乏股权激励措施，将其命名为股权激励缺乏型；其次是第二类，为 0.3309，缺乏科研条件扶持、提供学习培训机会、授予荣誉称号和住房等其他生活条件的改善，将其命名为非物质激励缺乏型；最少的是第三类，为 0.2131，这类企业在各个方面的概率都很高，将其命名为丰富激励型。

5.2.5　企业技术创新激励措施的影响因素研究

为了进一步研究影响企业技术创新激励措施的丰富度和聚焦度的因素，本研究对比分析了不同规模、年龄、行业类别、企业类型等因素对技术创新激励措施的影响。

1. 企业技术创新激励措施丰富度的影响因素

（1）企业规模、年龄对技术创新激励措施丰富度的影响。不同规模、年龄的企业技术创新激励措施包含数量的对比分析，见表5-9。

表5-9　　不同规模、年龄的企业技术创新激励措施丰富度的对比分析

丰富度	200人以下		200人及以上		10年以下		10年及以上	
	频数	频率（%）	频数	频率（%）	频数	频率（%）	频数	频率（%）
7~8	7	3.23	15	9.26	7	3.98	15	7.39
5~6	45	20.74	43	26.54	39	22.16	49	24.14
3~4	88	40.55	65	40.12	69	39.20	84	41.38
1~2	77	35.48	39	24.07	61	34.66	55	27.09
平均	3.28		3.91		3.35		3.72	
t值检验	3.357***				2.021**			

注：*、** 与 *** 分别表示10%、5%与1%的统计显著性。

表5-9的结果表明，200人以下的企业与规模为200人及以上的企业相比，在采取5项及以上技术创新激励措施的数量要低，所占比重分别为23.97%和35.80%；200人以下规模的企业采取技术创新激励措施的数量平均为3.28，低于200人及以上企业的3.91，进行独立样本t检验，P值低于0.01，差异显著。

就不同成立年限的企业而言，在3项及以上技术创新激励措施的采取情况上，10年以上的企业要多于10年以下的企业，所占比例分别为73.91%和65.34%；而采取1~2项技术创新激励措施的10年以下的企业要多于10年以上的企业。10年以下的企业包含技术创新激励措施的数量平均为3.35，低于10年以上的企业的3.72，进行独立样本t检验，P值低于0.05，差异性显著。

（2）行业类别、企业所有权性质对技术创新激励措施丰富度的影响。不同行业类别、所有权性质的企业的技术创新激励措施数量的对比分析，见表5-10。

表 5 - 10　不同行业类别、所有权性质的企业技术创新激励措施丰富度的对比分析

丰富度	非制造业		制造业		非民营企业		民营企业	
	频数	频率（%）	频数	频率（%）	频数	频率（%）	频数	频率（%）
7~8	6	4.51	16	6.50	4	3.01	18	7.32
5~6	21	15.79	67	27.24	30	22.56	58	23.58
3~4	53	39.85	100	40.65	53	39.85	100	40.65
1~2	56	42.11	60	24.39	46	34.59	70	28.46
平均	3.35		3.65		3.10		3.80	
t 值检验	1.539				3.622***			

注：*、** 与 *** 分别表示 10%、5% 与 1% 的统计显著性。

从表 5 - 10 中可以看出，非制造行业的企业与制造行业的企业相比，在 3 项及以上技术创新激励措施的采取情况上要低，所占比例分别为 57.89% 和 75.61%；而采取 1~2 项激励措施的非制造行业的企业要多于制造行业的企业，分别为 42.11% 和 24.39%。制造行业的企业采取技术创新激励措施的数量平均为 3.65，高于非制造行业的企业的 3.35，进行独立样本 t 检验，P 值高于 0.01，差异性并不显著。

同时，非民营企业与民营企业相比，在 3 项及以上创新激励措施的采取情况上要低，所占比例分别为 65.41% 和 71.54%；而采取 1~2 项激励措施的非民营企业要多于民营企业，分别为 34.59% 和 28.46%。民营企业采取技术创新激励措施的数量平均为 3.80，高于非民营企业的 3.10，进行独立样本 t 检验，P 值低于 0.01，差异性十分显著。

2. 企业技术创新激励措施聚焦度的影响因素

为了进一步研究影响企业技术创新激励措施聚焦度的因素，本研究对不同规模、年龄、行业类别、不同所有权性质的企业进行了对比分析。为了更好地检验差异的显著性，本研究也对企业规模、年龄、行业类别、企业类型和各激励措施进行了交叉分析。

（1）企业规模、年龄对技术创新激励措施聚焦度的影响。不同规模、年龄的企业技术创新激励措施的对比分析，见表 5 - 11。

表 5 – 11   不同规模、年龄的企业技术创新激励措施聚焦度的对比分析

聚焦度	企业规模					企业年龄				
	200 人以下		200 人及以上		皮尔逊卡方	10 年以下		10 年及以上		皮尔逊卡方
	频数	频率（%）	频数	频率（%）		频数	频率（%）	频数	频率（%）	
一次性货币化奖励	125	57.60	91	56.17	0.077	102	57.95	114	56.16	0.124
成果产业化后的货币化奖励	110	50.69	109	67.28	10.468 ***	85	48.30	134	66.01	12.127 ***
股权激励	30	13.82	36	22.22	4.548 **	29	16.48	37	18.23	0.201
科研条件扶持	91	41.94	79	48.77	1.749	69	39.20	101	49.75	4.241 **
提供学习培训机会	137	63.13	106	65.43	0.213	114	64.77	129	63.55	0.062
提拔晋升	104	47.93	104	64.20	9.917 ***	96	54.55	112	55.17	0.015
授予荣誉称号	67	30.88	64	39.51	3.055 *	53	30.11	78	38.42	2.978 *
住房等其他生活条件的改善	48	22.12	44	27.16	1.282	41	23.30	51	25.12	0.171

注：*、** 与 *** 分别表示 10%、5% 与 1% 的统计显著性。

表 5 – 11 的结果表明，从皮尔逊卡方值中可以看出，200 人以下的企业与 200 人及以上的企业相比，在一次性货币化奖励、科研条件扶持、提供学习培训机会、住房等其他生活条件的改善 4 个方面没有显著区别，而在成果产业化后的货币化奖励、股权激励、提拔晋升、授予荣誉称号 4 个方面存在显著差异。

此外，成立年限为 10 年以下的企业与 10 年及以上的企业相比，在一次性货币化奖励、股权激励、提供学习培训机会、提拔晋升、住房等其他生活条件的改善 5 个方面没有显著区别，而在成果产业化后的货币化奖励、科研条件扶持、授予荣誉称号 3 个方面存在显著差异。

（2）行业类别、企业所有权性质对技术创新激励措施聚焦度的影响。不同行业类别、不同所有权性质的企业技术创新激励措施的对比分析，见表 5 – 12。

表 5 - 12 不同行业、所有权性质的企业技术创新激励措施聚焦度的对比分析

聚焦度	行业类型					企业所有权性质				
	非制造业		制造业		皮尔逊卡方	非民营企业		民营企业		皮尔逊卡方
	频数	频率（%）	频数	频率（%）		频数	频率（%）	频数	频率（%）	
一次性货币化奖励	79	58.09	137	56.38	0.104	74	55.64	142	57.72	0.153
成果产业化后的货币化奖励	58	42.65	161	66.26	19.922 ***	74	55.64	145	58.94	0.386
股权激励	20	14.71	46	18.93	1.082	12	9.02	54	21.95	10.033
科研条件扶持	51	37.50	119	48.97	4.638 **	68	51.13	102	41.46	3.260 *
提供学习培训机会	85	62.50	158	65.02	0.241	86	64.66	157	63.82	0.027
提拔晋升	59	43.38	149	61.32	11.327 ***	67	50.38	141	57.32	1.680
授予荣誉称号	43	31.62	88	36.21	0.814	44	33.08	87	35.37	0.199
住房等其他生活条件的改善	27	19.85	65	26.75	2.256	21	15.79	71	28.86	8.025 ***

注：*、** 与 *** 分别表示 10%、5% 与 1% 的统计显著性。

表 5 - 12 的分析表明，从皮尔逊卡方值中可以看出，就不同行业类型的企业而言，非制造行业的企业与制造行业的企业相比，在采取一次性货币化奖励、股权激励、提供学习培训机会、授予荣誉称号、住房等其他生活条件的改善 5 个方面没有显著区别，而在成果产业化后的货币化奖励、科研条件扶持、提拔晋升 3 个方面存在显著差异。同时，非民营企业与民营企业在大多数技术创新激励措施上并无明显差异，仅仅在采取科研条件扶持、住房等其他生活条件的改善两个方面存在显著差异。

5.2.6 企业技术创新激励措施的绩效评价研究

企业技术创新激励措施对科研人员的创新积极性有着较大的影响，也是提高创新产出效率的重要手段。为评价企业技术创新激励措施的丰富度和聚焦度的效果，本研究将选取科研人员对技术创新激励措施的满意度作为因变

量，进行深入研究。

1. 企业技术创新激励措施满意度描述性分析

对技术创新激励措施的满意度的测量采用李克特（Likert）量表，将回答设为 5 个选项，采用统计软件 SPSS 对数据进行统计分析，结果见表 5 - 13。

表 5 - 13　　　　　　企业技术创新激励措施满意度的统计分析

评价	非常不满意	比较不满意	一般	比较满意	非常满意	满意度	均值	t 值检验
频数	14	88	28	187	62	249	3.51	- 8.399 ***
频率	3.69%	23.22%	7.39%	49.34%	16.36%	65.70%		

注：* 、** 与 *** 分别表示 10% 、5% 与 1% 的统计显著性。

从表 5 - 13 中可以看出，总体而言，对企业技术创新激励措施非常满意的科研人员比率仅为 16.36%，比较满意的占 49.34%，一般占 7.39%，比较不满意的为 23.22%，完全不满意的仅占 3.69%，其中，满意度为 65.70%，这说明大部分被调查对象认可企业的技术创新激励措施。此外，满意度的均值为 3.51，选取 4.0 作为标准，经 t 值检验，结果差异显著，表明企业技术创新激励措施的满意度还没有达到比较满意的水平。

2. 企业技术创新激励措施绩效评价

（1）变量的界定与选取。本研究将选取科研人员对技术创新激励措施的满意度作为因变量、技术创新激励措施的丰富度和聚焦度作为自变量。此外，先前的研究表明，个体人口背景特征与技术创新激励措施的满意度呈一定的相关关系。因此要消除掉它产生的影响，使得研究中所要考察的变量效应得以净化，故将人口背景特征作为控制变量。参照李焰、秦义虎和张肖飞（2011）的观点，主要选取科技人才的 7 个方面进行研究。变量的具体界定，见表 5 - 14。

表 5 – 14   变量的界定与说明

变量		变量名称	符号	变量界定
因变量		技术创新激励措施满意度	II	若选择非常满意或比较满意，取值为 1；其他为 0
控制变量	人口背景特征	性别	G	男性 = 1；女性 = 0
		年龄	A	35 岁及以下 = 1；36 ~ 45 岁 = 2；46 岁及以上 = 3
		学历	E	大专及以下 = 1；本科 = 2；硕士及以上 = 3
		教育专业	Z	工程与技术科学 = 1，其他专业 = 0
		工作年限	Y	5 年以下 = 1；5 ~ 10 年 = 2；10 年以上 = 3
		职称	T	初级及以下 = 1；中级 = 2；副高级及以上 = 3
		职务	M	基层 = 1；中层 = 2；高层 = 3
自变量	丰富度	企业技术创新激励措施数量	I_1	取值为 1 ~ 8
	聚焦度	一次性货币化奖励	I_{21}	1 代表企业采取了该项技术创新激励措施，其他为 0
		成果产业化后的货币化奖励	I_{22}	1 代表企业采取了该项技术创新激励措施，其他为 0
		股权激励	I_{23}	1 代表企业采取了该项技术创新激励措施，其他为 0
		科研条件扶持	I_{24}	1 代表企业采取了该项技术创新激励措施，其他为 0
		提供学习培训机会	I_{25}	1 代表企业采取了该项技术创新激励措施，其他为 0
		提拔晋升	I_{26}	1 代表企业采取了该项技术创新激励措施，其他为 0
		授予荣誉称号	I_{27}	1 代表企业采取了该项技术创新激励措施，其他为 0
		住房等其他生活条件的改善	I_{28}	1 代表企业采取了该项技术创新激励措施，其他为 0

（2）研究模型与实证分析。综合以上的因素，构造 Binary Logit 计量模

型，通过模型分别对其进行检验。在研究分析中，本研究采取了将每一类变量逐步放入回归方程的方法。人口背景特征、丰富度和聚焦度对技术创新激励措施满意度的回归分析结果，见表 5 – 15。

表 5 – 15　　丰富度、聚焦度对技术创新激励措施满意度的回归分析

变量		模型 1		模型 2		模型 3	
		B	S. E.	B	S. E.	B	S. E.
常数		0.836	0.546	0.299	0.577	0.085	0.616
控制变量	G	− 0.456	0.296	− 0.529 *	0.302	− 0.433	0.309
	A	− 0.108	0.210	− 0.093	0.212	− 0.074	0.220
	E	0.069	0.177	0.079	0.180	0.084	0.188
	Z	− 0.011	0.235	− 0.010	0.238	− 0.074	0.248
	Y	− 0.129	0.217	− 0.091	0.221	0.000	0.232
	T	− 0.227	0.209	− 0.271	0.213	− 0.302	0.221
	M	0.469 ***	0.168	0.359 **	0.172	0.316 *	0.179
丰富度	I_1			0.226 ***	0.066		
聚焦度	I_{21}					0.513 **	0.244
	I_{22}					− 0.168	0.241
	I_{23}					0.021	0.328
	I_{24}					0.572 **	0.249
	I_{25}					0.736 ***	0.267
	I_{26}					− 0.502 *	0.270
	I_{27}					0.141	0.257
	I_{28}					0.877 ***	0.327
统计量	− 2LL	474.636		462.376		443.945	
	C&S R^2	0.033		0.064		0.108	
	N R^2	0.046		0.088		0.150	

注：*、** 与 *** 分别表示 10%、5% 与 1% 的统计显著性。

由模型 1 和模型 2 可知，在所有控制变量进入回归方程后，丰富度对科研人员技术创新激励措施满意度有显著的影响，随着技术创新激励措施数量

的增加，科研人员对技术创新激励措施的满意度也随之提高。

模型 3 的结果是聚焦度对技术创新激励措施满意度的影响，结果表明，一次性货币化奖励、科研条件扶持、提供学习培训机会、提拔晋升、住房等其他生活条件的改善 5 项措施对科研人员的满意度有显著的影响，而成果产业化后的货币化奖励、股权激励、授予荣誉称号 3 项措施的影响作用并不显著。其中，一次性货币化奖励、科研条件扶持、提供学习培训机会、住房等其他生活条件的改善 4 项措施有正向的促进作用；而提拔晋升措施会显著削弱科研人员的满意度。此外，提供学习培训机会与住房等其他生活条件的改善 2 项激励措施对科技人才满意度的正向影响作用最大。

5.2.7　结论与讨论

1. 研究结论

基于对浙江省 379 家企业的调查，本书研究了企业技术创新激励措施的丰富度与聚焦度，实证分析了企业技术创新激励措施的影响因素及其绩效，主要得出以下结论：

（1）总体而言，企业技术创新激励措施的丰富度偏低，包含激励措施少，有 70.98% 的企业并不具备 8 项技术创新激励措施中的 5 项。潜在类别分析也表明，丰富激励型的企业所占潜在类别概率仅仅为 0.2131。企业规模、年龄、企业所有权性质对技术创新激励措施的丰富度有显著的影响，而行业类别的影响并不显著。其中，规模为 200 人及以上的企业、10 年及以上的企业，以及民营企业的技术创新激励措施的数量分别相对高于其他类型的企业。

按照熊彼特的观点，创新是一项高投入、回报不确定的风险性活动，只有大企业才可负担得起研发项目费用、较大而且多元化的企业可以通过大范围的研发创新来消化失败、创新成果的收获也需要企业具有某种市场控制能力（吴延兵，2007）。此外，成立年限较短的企业，尤其是初创企业，并不具备充足的创新资源。因此，相比较而言，大规模的企业、成立较久的企业具有更多的创新活动，从而需要更多种类的激励措施。同时，企业规模越大，相应的科研人员越多，需求愈加多样化，因此企业的创新激励措施的丰富度会更好一些。

此外，所有权性质的差异会导致不同企业行为目标和经营环境的差异。与其他性质企业相比，民营企业很少存在所有者缺位以及严重的代理问题，企业经理人追求的是利润最大化，这使民营企业经理人往往不延迟创新投资（贺京同和高林，2012）。在经营环境上，民营企业往往无法获得与其他企业平等的竞争地位，通常面临过度的市场竞争，因此外部环境压力也会驱动民营企业采取更丰富的创新激励措施，开展创新活动。

（2）企业采取最多的前三项激励措施依次是：提供学习培训机会、成果产业化后的货币化奖励、一次性货币化奖励。不同规模、年龄、行业与不同所有权性质企业的技术创新激励措施的聚焦度具有一定的差异性。

亚当斯（Adams）的公平理论指出，个体会将自己的付出和所得进行横向和纵向比较。目前，企业科研人员的收入与过去相比有很大幅度提高，横向比较之后可以发现，企业科研人员的平均年收入仅为社会平均收入的两倍，与科研人员需要较长时间的准备周期不匹配，与美国、英国等创新型国家相比，存在较大的差距。沈时伯（2011）、张俊琴和来鹏（2008）的研究也证实了这一点。所以，很多企业倾向于采取成果产业化后的货币化奖励和一次性货币化奖励，以提高科研人员的物质待遇和激发科研人员的创新积极性。科研人员与其他员工相比较，最大的优势是对知识和科学技能的掌握，因此，科研人员的需要起点就高，更多的是对一种高层次的自我实现的需要。所以，企业采取最多的是给予科研人员更多的学习培训机会，这也与张望军和彭剑锋（2001）得出的结论相符。

此外，复杂人假设理论认为，个体的需求是复杂的，也会随着环境的变化而发生改变。因此，大规模的企业往往由于具有更多的资源，在注重长期与短期物质激励的同时，也注重对科研人员的精神激励。成立年限较久的企业在积累了一定的创新经验后，以及制造行业的企业受行业特性对创新的需求，也偏重给予科研人员良好的科研条件支持，通过对科研人员自身成长或自我价值实现的激励以获得更高的创新产出。民营企业与其他企业相比，由于在福利待遇上存在一定差距，因此偏重通过强化住房等其他生活条件的改善方面的激励措施对科研人员进行激励。

（3）企业技术创新激励措施丰富度，以及采取一次性货币化奖励、科研条件扶持、提供学习培训机会、住房等其他生活条件的改善 4 项措施对科研人员满意度有显著的正向促进作用；值得注意的是，提拔晋升措施会显著削弱科研人员的满意度。

按照马斯洛的需求层次理论，当前科研人员待遇低，物质需要未得到满足，满足科研人员对物质层面的需要，能够显著地提高其满意度。作为知识型员工，科研人员也迫切期望实现自身价值，所以科研条件扶持、提供学习培训机会对科研人员满意度的促进力度较大。与张伶和张正堂（2008），塔卡哈氏（Takahashi，2006）等以往研究存在较大差异的是，本研究得出，采取提拔晋升措施反而会降低科研人员的满意度。赫兹伯格的激励保健因素理论说明，能够提高员工满意度的因素，往往在于工作内容和工作本身。科研人员掌握较多的是产品的设计、流程与工艺的改进等方面的知识，而提拔晋升后需要更多的管理技能，科研人员自身技能与岗位需求也不匹配。麦克利兰（Mc Clelland）的激励理论也可以说明，科研人员看重的并不是权利需要，这使得，从总体上提拔晋升措施降低了科研人员的满意度。

2. 管理启示

本研究的结论对企业制定有效的技术创新激励政策或措施，以及提高企业的技术创新效率，具有重要的管理启示。①企业在对创新激励机制构建的过程中，应遵循公平公正的原则，根据企业的规模、年龄、行业、类型等要素的实际情况，采取多样化的创新激励措施。在对科研人员实施物质激励的同时，进一步采取精神激励、培训激励、创造良好的科研工作环境等激励方式，满足科研人员不同层面的需求。②为科研人员提供较高的薪酬，也是提高科研人员满意度以及激励创新积极性的有效途径。只有满足科研人员低层次物质的需要，他们才能够发挥自身创新的能力，实现自我的价值。③科研人员对成就的需要相对较高，企业应在尽量提供优厚的物质待遇的基础上，还应注重对科研人员的培训激励。为了更好地发挥企业科研人员的创新积极性，企业应健全科研人员的培养机制，为科技人员不断提供更新专业技术知识的学习机会。

3. 研究不足与展望

本研究虽然取得了一定的成果，但受各种原因的限制，也存在着不足之处。例如，研究对象仅限于浙江省的企业，存在着一定的局域性，研究结论的大范围推广还需要进一步的验证；技术创新激励措施是受多因素的影响，在研究过程中，受调查数据的限制，本研究仅选择了企业规模、年龄、行业与企业产权性质，缺乏对其他变量的考察，企业技术创新激励措施还会受到哪些因素的影响是值得重视和研究的内容；技术创新激励措施的内容要比本研究的丰富得多、复杂得多，本研究只选取了丰富度和聚焦度两个方面，未来的研究可对其进一步的深化。

5.3　企业研发投入影响因素及其绩效作用研究

5.3.1　企业研发投入的影响因素

自熊彼特于 1912 年提出创新理论以来，技术创新对企业竞争力的提升做出了巨大的贡献，而研发（R&D）投入是增强企业技术创新能力的主要因素，因此备受国内外学者的关注。学者们对企业研发投入的影响因素做了大量的理论研究与实证研究，但由于微观个体企业研发数据的难以获得性，他们将研究对象偏向于上市公司，或者在产业层面探讨研发投入的影响因素，忽略了对微观层面非上市公司的研究，研究视角的不同以及所选取的样本难以具有代表性，造成了研究结论不尽统一。针对此，本研究基于数据的可得性，选取 2011 年浙江省的 117 家企业，以企业规模和股权集中度作为企业研发投入的主要影响因素作为研究对象，探讨它们与企业研发投入之间的非线性关系，以期为企业相关资源结构的优化及研发投入的合理配置提供理论对策与建议。

1. 文献回顾

国内外学者从不同的角度对企业研发投入的影响因素进行了大量的研究，取得了一定的进展。

从企业研发投入的内部影响角度出发，王任飞（2005）归纳和分析了可能对企业研发支出产生影响的 10 种内部因素（包括企业规模、盈利能力、出口导向、公司战略、人力资源、资本结构、资本强度、产权制度、经验累积和是否为上市公司），基于 2000～2003 年中国电子信息行业百强企业的统计数据，验证了企业规模、盈利能力都与企业研发支出正相关，而出口导向则与企业研发投入负相关。文芳（2008）利用中国上市公司 1999～2006 年的研发数据进行研究，研究结果发现控股股东持股比例与公司研发投资强度之间呈 N 型关系；毕克新和高岩（2007）的研究发现研发投入强度与股权集中度呈 U 型变化；白艺昕、刘星和安灵（2008）基于面板数据 Vogt 模型，对我国上市公司所有权结构对研发投资的影响进行了实证研究，研究证实：第一大股东持股比例与研发投资强度存在着先下降后上升的二次非线性关系。刘胜强和刘星（2010）以 2004～2008 年连续披露研发支出的制造业和高新技术业上市公司的样本数据，采用门槛面板模型对董事会规模与企业研发行为之间的关系进行了研究，结果表明，董事会规模与企业研发投资之间表现为存在双门槛值的非线性关系。

从企业研发投入的外部影响角度出发，陈仲常和余翔（2008）运用我国大中型工业企业产业层面的面板数据，研究了新产品市场需求、行业竞争以及外部筹资环境这三方面的外部环境因素对企业研发投入的影响。数据分析表明，前期新产品市场需求对企业研发投入有着重要的积极影响，但这种影响还不够强大；行业中的竞争在总体上还未对企业研发投入产生显著的促进作用；而企业研发的外部筹资环境的影响不理想。斯科特（Scott, 1984）的研究发现市场集中度与研发投入之间的倒 U 型关系取决于不同产业需求条件和技术机会。

部分学者也对企业研发投入的内部和外部影响因素进行了综合的研究，如程华和赵祥（2008）研究了政府科技资助与企业规模对企业研发投入的影响。研究发现：政府科技资助对企业滞后一年的研发投入有显著促进作用；企业规模越大，政府科技资助激励效果越好；政府科技资助强度越大，激励效果越好；企业研发强度影响政府科技资助激励企业研发投入。吴延兵（2009）运用1994～2002年34个大中型工业企业行业面板数据，通过对规模和产权变量设定不同的衡量指标，通过控制其他的影响因素和非观测效应因素，以及通过选用合适的计量模型，研究发现，企业销售收入对研发支出有显著正影响，企业员工数量对研发支出和研发人数均没有显著影响；国有产权对研发人数有显著正影响，但对研发支出没有显著影响。研究还发现，政府资助对激励企业研发投入有重要作用。

从上述研究中，可以看出：一方面，企业规模、股权集中度与研发投入之间的关系是复杂的，不仅仅是简单的线性关系；另一方面，研究对象限于上市公司，或者在产业层面探讨研发投入的影响因素。因此，在微观层面探讨企业规模、股权集中度与研发投入之间的非线性关系显得十分有必要。

2. 理论分析与研究假设

（1）企业规模与研发投入。

在竞争性市场中，企业与竞争对手之间的主要区别在于产品的质量和价格，而创新是提高生产效率、产品质量与降低生产成本的主要方式。但创新需较长的开发时间、具有较高的风险特性以及需要巨大的研发投入。因此，依照熊彼特的观点，规模较大的企业比小企业更有可能有这方面的能力。主要理由：一是研发活动具有规模效益；二是大企业由于拥有专门的、大规模的研发团队，因此其研发活动具有专业化分工的特点，而且比较分散，不容易失败，再加上占有更大的市场，研发活动的效益比较可观（柴斌锋，2011）。一些实证研究也证实了这些观点。但是，刘胜强和刘星（2010）指出当企业规模扩大到一定程度时，会形成相应的市场垄断，过多的垄断会导致自满自足并减少研发投资，只有当市场结构介于完全竞争和完全垄断之间的某个时点时，企业的研发投资才会出现最大值。

因此，本研究提出假设：

H1：企业规模与研发投入之间存在倒U型关系。

（2）股权集中度与研发投入。

由于研发投入具有一定的滞后性，风险性较高，在股权相对分散的情况下，股东与经理之间容易产生代理冲突，难以有效抑制经理为增加当前盈利而削减研发投入的管理短视行为。适度的股权集中有利于大股东对经理人实施有效的监督，从而使得经理人按照股东的利益行事，保证研发投入。但是，如果股权过度集中，且大股东的持股比例超过某一特定值时，大股东在很大程度上获取了公司的控制权，成为控制性股东，此时，其收益不仅包括与其他中小股东共同分享的控制权共享收益，还包括由其单独享有的控制权私有收益，在堑壕效应的作用下，控制性股东利益主导下的投资行为偏离了公司价值最大化原则，使得研发投资强度降低（白艺昕、刘星和安灵，2008）。

因此，提出研究假设：

H2：企业规模与研发投入之间存在倒U型关系。

3. 研究设计

（1）变量设计。

本研究主要关注企业规模于股权集中度对研发投入的影响，因此，本研究的因变量是研发投入，自变量是企业规模和股权集中度。

①研发投入。按照文献通行的做法，本研究采用企业研发人员投入衡量企业的研发投入。

②企业规模。用企业职工总数测度企业规模。

③股权集中度。参照任海云（2010），白艺昕、刘星和安灵（2008）的研究，用公司第一大股东持股的比值表示股权集中度。

④控制变量。除了企业规模、股权集中度的影响因素外，还有其他诸多因素会对企业的研发投入产生影响。基于数据的可获得性，本研究仅将行业和地区作为控制变量。以中低技术行业作为参照对象，当某企业属于高等技术的行业时，取值1，否则取值0。在地区层面，使用以杭州和宁波两个地区作为两个特别的虚拟变量，当企业位于杭州时，取值1，否则取值0；当企业位于宁波时，取值1，否则取值0。

（2）样本及数据。

本研究的样本为浙江省 12 个城市的 117 家企业。由于所选取的指标数据单位不一致，数据的量纲差别很大，本研究在实证分析时对数据进行了正向无纲化处理。

（3）研究模型。

综合以上的因素，构造计量模型：

$$R\&D = \beta_0 + \beta_1 SIZE + \beta_2 (SIZE)^2 + \beta_3 OWN + \beta_4 (OWN)^2$$
$$+ \beta_5 HIGH + \beta_6 HZ + \beta_7 NB + \varepsilon$$

$R\&D$ 分别表示研发人员投入、资金投入以及研发投入强度。$SIZE$ 表示企业平均规模，OWN 表示第一大股东持股比例。为了验证企业规模、股权集中度与研发投入之间是否存在非线性函数关系，还将分别在模型中加入 $SIZE^2$ 和 OWN^2。$HIGH$ 表示高等技术行业；HZ 和 NB 分别表示企业位于杭州和宁波两个地区。ε 为随机误差项。关于这些变量的定义及统计特征如表 5–16 所示。

表 5–16   **变量的定义及说明**

变量类型	符号	定义及说明
被解释变量	$R\&D$	企业研发人员数
解释变量	$SIZE$	企业职工总数
	$SIZE^2$	企业职工总数的平方
	OWN	第一大股东所占股权份额
	OWN^2	第一大股东所占股权份额的平方
控制变量	$HIGH$	所属行业为高等技术行业时，$HIGH = 1$；反之，$HIGH = 0$
	HZ	所属地区为杭州时 $HZ = 1$；反之，$HZ = 0$
	NB	所属地区为杭州时 $NB = 1$；反之，$NB = 0$

4. 实证检验与结果分析

（1）描述性分析。

表 5–17 提供了样本数据的描述性统计结果，可以看出，在 5% 的显著性水平下，企业规模、企业规模的平方、股权集中度的平方，以及行业与地区变量都与企业的研发人员投入数存在相关关系。

表 5 - 17　描述性分析结果 （N = 117）

变量	均值	标准差	1	2	3	4	5	6	7	8
1. R&D	0.090	0.149	1							
2. SIZE	0.066	0.110	0.749**	1						
3. SIZE^2	0.017	0.094	0.607**	0.899**	1					
4. OWN	0.491	0.260	0.180	0.091	0.112	1				
5. OWN^2	0.365	0.271	0.200*	0.086	0.111	0.981**	1			
6. HIGH	0.82	0.385	-0.200*	-0.019	0.011	-0.013	-0.018	1		
7. HZ	0.15	0.362	0.287**	0.001	-0.034	0.020	0.028	-0.233*	1	
8. NB	0.09	0.293	0.007	-0.019	-0.038	-0.090	-0.100	0.151	-0.137	1

注： * 表示 $P < 0.05$， ** 表示 $P < 0.01$， 全部双尾检验。

（2）实证结果分析。

运用上文构造的基本计量模型，对企业规模、股权集中度进行不同的组合，得到的估计结果列于表 5 - 18。将依次讨论企业规模、股权集中度及控制变量对研发投入的影响。

表 5 - 18　　　　　　　　以研发人员投入为因变量的回归结果

项目	模型 1	模型 2	模型 3	模型 4	模型 5	模型 6
常数	0.045 (2.12)**	0.029 (1.33)	0.067 (1.60)	0.107 (2.01)**	0.077 (2.51)**	-0.001 (-0.02)
$SIZE$	1.018 (13.65)***	1.35 (8.05)***				1.37 (8.36)***
$SIZE^2$		-0.438 (-2.23)**				-0.477 (-2.49)**
OWN			0.0103 (2.05)**	-0.206 (-0.79)		
OWN^2				0.304 (1.21)	0.109 (2.26)**	0.080 (2.74)***
$HIGH$	-0.053 (-4.69)**	-0.050** (-2.32)	-0.058 (-1.64)	-0.057 (-1.63)	-0.058 (-1.64)	-0.050** (-2.38)
HZ	0.109 (4.69)***	0.106 (4.60)***	0.107 (2.87)***	0.106 (2.83)***	0.107 (2.87)***	0.104 (4.68)***
NB	0.04 (1.41)	0.036 (1.29)	0.041 (0.91)	0.045 (0.98)	0.043 (0.95)	0.043 (1.58)
F 值	55.376***	46.854***	4.478***	3.893***	4.724***	42.596***
R^2	0.664	0.679	0.138	0.149	0.144	0.699
调整后的 R^2	0.652	0.664	0.107	0.111	0.114	0.683

注：括号中的数字表示 t 检验值，*、** 与 *** 分别表示在 10%、5% 与 1% 的统计量显著性。

表 5 - 18 的模型 1 与模型 2 是在控制其他变量情况下，以企业规模的一

次方和二次方作为解释变量的估计结果，模型 1 回归结果显示，企业规模与研发投入呈显著的正相关关系。但是，以此认为企业规模对企业研发投入有着正面影响，显然是片面的。模型 1 与模型 2 同时考虑了企业规模的一次项和二次项，模型 2 的结果显示一次项的回归系数显著为正，而二次项的回归系数显著为负，表明研发投入随着企业规模的增加呈现出先增长后减小的趋势，假设 H1 得到验证。

模型 3 与模型 4 以企业股权集中度的一次方和平方项作为解释变量的估计结果。模型 3 的回归结果显示，股权集中度回归系数显著为正，而在模型 4 中股权集中度二次项的加入使得一次项的系数变得不显著，可见股权集中度一次项与二次项之间存在共线性的问题。因此，将股权集中度二次项单独代入回归方程，见模型 5，通过对模型 4 与模型 5 的比较发现，模型 5 中的结果在拟合度等方面优于模型 4，这表明股权集中度与企业研发投入之间为单侧 U 型曲线关系，假设 H2 未得到验证。

基于模型 1~5 的分析，为避免股权集中度一次项与二次项之间的共线性问题，本研究将企业规模一次项、二次项以及股权集中度二次项代入回归方程，结果见模型 6。研究表明，研发投入与企业的规模之间呈现倒 U 型曲线的关系，而与股权集中度间存在单侧 U 型曲线关系。此外研究结果显示，高技术行业的平均研发投入水平并不高于中低技术行业，杭州市企业的研发投入水平高于其他地区，这表明区域因素对研发投入存在一定的影响。

5. 结论与讨论

在文献研究的基础上，本研究选取企业研发投入的主要影响因素：企业规模和股权集中度，作为主要研究对象，对它们与企业研发投入之间的非线性关系进行了实证检验。结果表明，企业规模与研发人员投入呈现倒 U 型曲线关系，而股权集中度与研发人员投入存在单侧 U 型曲线关系。此外，高等技术行业的研发投入并不高于中低技术行业，区域因素对研发投入存在一定的影响。

作为对企业研发投入及其影响因素之间非线性关系的研究，还存着一些不足之处。比如，从各个回归模型的 R^2，均小于0.9可以看出，模型拟合情况并不理想，说明除了企业规模与股权集中度两个因素外，其他的因素对研发投入也具有重要影响，这与国内外多数研究结果相符。此外，由于受数据可得性的限制，本书在探讨企业规模与股权集中度对研发投入影响的研究时，选取的是截面数据，存在着一定的局限性。

5.3.2 企业研发投入的绩效作用研究

在一个全球竞争的时代，研发对企业的经济效益的提升具有至关重要的作用。尽管，研发投资具有典型的收益不确定性和滞后性，但它能够为企业创建有利可图的未来机会，会影响到今后企业的生存和成长能力，是企业竞争优势的源泉。企业研发投入的最终目的是提高经济绩效，然而研发支出本身并不会自动带来企业绩效的提高，它对企业绩效的促进作用取决于中间的技术创新。不同的创新产出对经济绩效的影响具有较大的差异性，但先前的研究对这一中间机制以及技术创新能力的不同维度所带来的经济绩效的差异性的关注较为缺乏。针对此，本研究选取浙江省的制造企业作为研究对象，对研发投入、技术创新能力与企业经济绩效之间的关系进行了研究，探讨了技术创新能力的两个维度的中介作用及其差异性，以期为企业研发资源的合理配置与优化、创新水平和竞争优势的提升提供理论对策与建议。

1. 文献综述与研究假设

（1）研发投入与企业的经济绩效。

1984年，沃纳菲尔特（Wernerfelt）在《战略管理杂志》发表了具有里程碑意义的论文《企业资源理论》（*A Resource - Based Perspective*），标志着"Resource - Based"这一名词的诞生和资源基础学派的兴起。资源基础学派的核心观点是，企业是由一系列资源束组成的集合，企业的竞争优势来源于企业拥有的资源，尤其是异质性资源（萧延高和翁治林，2010）。研发投入作为企业的一项重要的资源，因此对企业的经济绩效具有重要的促进作用。

研发投入与企业经济绩效之间的正相关关系已被许多领域的研究所证实。韦克林（Wakelin，2001）采用柯布—道格拉斯函数对英国 170 家企业的生产率的增长和研发支出之间的关系进行了估计，研究发现企业的研发支出对生产率的增长具有显著的促进作用，此外，基于企业的创新历史对企业进行对比分析，结果表明，创新企业的研发回报率明显高于非创新企业；爱赫和欧立伯（Ehie & Olibe，2010）研究了 18 年间美国 26500 家公司研发和市场价值之间的关系。在控制企业规模、产业集中度、财务杠杆后，发现不论是否出现较大的经济动荡，研发投资对服务业与制造业的公司的绩效都有积极的影响；梁莱歆和严绍东（2006）以深圳市上市公司为研究对象，对上市公司 2001~2003 年研发支出水平及其经济效果进行研究，检验了研发支出与公司发展之间的相关性。研究结果表明，研发支出与公司技术资产、盈利能力以及企业增长呈正相关关系。

因此，提出研究假设：

H1：研发投入与企业的经济绩效存在显著的相关关系。

（2）技术创新能力的中介作用。

企业的技术创新能力是一个复杂的概念，涵盖的范围较为宽广，学者们对其维度的划分出现了较大的差异性。例如，魏江和许庆瑞（1995）认为技术创新能力包括创新决策能力、研发能力、生产能力、市场营销能力和组织能力五个方面；胡恩华（2001）将技术创新能力分为管理能力、投入能力、研发能力、制造能力、销售能力和实现能力。由于本研究的重点以及所关注的视角与先前的学者不同，因此主要选取技术创新能力的"新产品产出能力"和"知识产出能力"两个维度来进行研究。

研发投资的最终目的是提高企业绩效，而研发支出本身并不会自动带来企业绩效的提高，它对企业绩效的促进作用关键取决于这些支出是否被有效利用。换句话说，因为资源有可能被无效地配置和利用，两个研发投入相同的同类型企业可能会有不同的创新能力，最终产生不同的绩效（任海云，2011）。因此，拥有强大的研发能力的企业不一定能够成为研发活动的收益最大者，而真正优秀的企业往往在将自身所拥有的研发能力转化为符合市场需求的产品，并在将其迅速推向市场方面做得比竞争对手要好得多（贺伟和刘明霞，2006）。

（3）新产品产出能力的中介作用。

由于市场竞争程度的加剧，企业被迫有系统地在市场中搜索增长的机会，并在他们的竞争对手之前进入市场，其中创新成为企业获取竞争优势的重要途径，创新对高新技术企业更是如此，因为高新技术企业的利润和竞争优势更多地取决于研发活动的产出（徐伟民，2009）。所以，企业会通过研发投资，致力于开发新的产品和工艺，将新产品或新技术及时投入市场，进而获得较高的市场占有率，最终带来经济绩效的提升。

桑希尔（Thornhill，2006）基于加拿大845家制造企业的调查数据，以新产品的开发表征创新，研究表明，具有创新活动的企业能够获得更高水平的收入增长。罗珀和洛夫（Roper & Love，2002）的研究同样表明，新产品的开发对企业的出口绩效有显著的影响。

因此，本研究提出假设：

H2：新产品产出能力在研发投入和企业的经济绩效之间起到中介作用。

（4）知识产出能力的中介作用。

专利作为研发投入的知识产出，也是衡量技术创新能力的主要变量。由于专利制度在技术创新中具有保障和激励作用，使得在专利保护期间，企业拥有垄断权和享有收益独占权，企业也可对专利进行许可交易等，因此专利也会提高企业的经济效益。

霍尔和巴什森（Hall & Bagchi – Sen，2002）选取在1994～1997年间经济绩效快速增长的加拿大的生物技术产业为研究对象，对研发、创新和企业绩效的关系进行了探讨。研究发现，研发强度与一定类别的专利存在显著的相关关系，而这些专利会进一步提高企业的经济绩效。徐欣和唐清泉（2010）对我国461家上市公司的研究表明，研发投资能促进企业价值和经营业绩的提升，作为研发投资中间产出的创新程度较高的发明专利与企业业绩之间存在显著的正相关关系。

但是，由于专利的价值分布具有高度倾斜性，所含的创新成分也有较大差异，因此并非所有的专利都可以给企业创造利润。例如，外观设计专利在很大程度上起到的是标识和区别的效用（徐欣和唐清泉，2010）。提出假设：

H3a：发明专利在研发投入和企业的经济绩效之间起到中介作用。

H3b：实用型专利在研发投入和企业的经济绩效之间起到中介作用。

H3c：外观设计专利在研发投入和企业的经济绩效之间起到中介作用。

H3d：与实用型和外观设计专利相比，发明专利在研发投入和企业的经济绩效之间的中介作用更为显著。

（5）新产品产出能力与知识产出能力的效应比较。

企业的知识产出能力对企业的经济绩效可能存在一定的影响，它给企业带来的利益包括直接的经济收益和间接的经济收益，但由于间接收益的周期相对较长和具有较高的风险性，同时专利保护法不尽完善，若专利保护不当，极易被竞争对手所模仿，所以专利带来的经济利益会被削弱。然而，新产品产出能力带来的收益具有直接性以及周期性短的特点，与知识产出能力相比，具有更高的价值。因此，提出假设：

H4：新产品产出能力在研发投入和企业的经济绩效之间所起到中介效应要高于知识产出能力。

以先前学者的研究为基础，确定本研究的理论框架，如图5-3所示。在这个框架中，技术创新能力是研发投入与企业经济绩效间关系的主要中介变量，研发投入通过知识产出能力和新产品产出能力间接影响到企业的经济绩效。

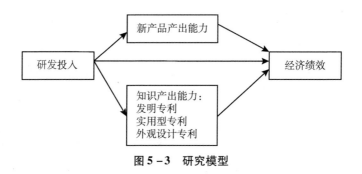

图5-3 研究模型

2. 研究设计

（1）样本选取和数据来源。

本研究使用的数据来源于 2011 年浙江省企业调查数据，时间区间为 2008 ~
2010 年，样本为浙江省的 312 家制造业企业。职工人数在 200 人以下的企业
为 53 家，占总样本的比重为 16.98%；200 ~ 500 人的为 102 家，占 32.69%；
500 ~ 1000 人的为 58 家，占 18.59%；1000 人以上的为 99 家，占 31.73%。

（2）变量定义。

①研发投入。按照文献通行的做法，本研究采用企业研发资金投入衡量
企业的研发投入，并将研发投入的年份确定在 2008 年。

②技术创新能力。参考杨勇和达庆利（2007）的做法，选取新产品销售
收入测度企业新产品产出能力；参考官建成和钟蜀明（2007）的做法，以专
利申请数量测度企业知识产出能力。由于研发投入对新产品产出的影响存在
滞后的效应，本研究对新产品销售收入的选取为滞后两期，即 2010 年度；而
研发投入对专利产出是否存在滞后效应的影响，当前国内外的研究结论尚不
一致，但专利产出对经济绩效存在滞后的影响，鉴于此，本研究对专利申请
数量的选取为 2008 年度。

③企业经济绩效。对于因变量的测量，本研究选择企业的利润作为反映
企业经济绩效的指标；同时考虑研发支出对最终经济活动所发挥作用的递延
效应，因此考虑了 2 年的滞后期，即 2010 年度。

④控制变量。除了研发投入、技术创新的影响外，还有其他诸多因素会
对企业的经济绩效产生影响。企业规模和行业类别是企业战略管理研究中常
用的控制变量。研究表明，企业规模、行业类别与技术创新能力和企业经济
绩效存在着一定的相关关系，因此要消除掉它们产生的影响，使得研究中所
要考察的变量效应得以净化。本研究，采用企业职工总数测度企业规模；当
某企业属于高等技术的行业时，取值 1，否则取值 0；当某企业属于低等技术
的行业时，取值 1，否则取值 0。

（3）模型设计。

综合以上的因素，构造计量模型：

$$EP = \beta_0 + \beta_1 R\&D + \beta_2 P_i + \beta_3 NP + \beta_4 SIZE + \beta_5 HIGH + \beta_6 LOW + \varepsilon$$

其中，EP 为因变量，表示企业的经济利润，$R\&D$ 为企业的研发资金投入，P_i 和 NP 分别表示不同类别的专利申请数量和企业的新产品销售收入。$SIZE$ 表示企业平均规模，$HIGH$ 和 LOW 分别表示高等技术行业和低等技术行业。ε 为随机误差项。由于所选取的指标数据单位不一致，数据的量纲差别很大，本研究在实证分析时对数据进行了正向无纲化处理。关于这些变量的定义及统计特征如表 5-19 所示。

表 5-19 变量的定义及说明

变量类型	符号	定义及说明
被解释变量	EP	企业的经济利润
自变量	$R\&D$	研发资金投入
中介变量	NP	新产品销售收入
	P_1	发明专利申请数量
	P_2	实用型专利申请数量
	P_3	外观设计专利申请数量
控制变量	$SIZE$	企业职工总数
	$HIGH$	所属行业为高等技术行业时，$HIGH=1$；反之，$HIGH=0$
	LOW	所属行业为低等技术行业时，$LOW=1$；反之，$LOW=0$

3. 实证检验与结果分析

（1）描述性统计。

各变量的均值、标准差与 Pearson 相关系数，见表 5-20。

（2）回归分析。

①研发投入对经济绩效的回归分析，见表 5-21。结果表明，研发投入对经济绩效有显著的促进作用，假设 H1 得到验证。此外，企业的经济绩效与规模存在显著的正相关关系，行业之间的经济绩效不存在显著的差异。

表 5-20

变量的均值、标准差与 Pearson 相关系数

变量	均值	标准差	1	2	3	4	5	6	7	8	9
1. SIZE	0.05	0.09	1.00								
2. HIGH	0.78	0.42	0.004	1.00							
3. LOW	0.08	0.27	-0.02	-0.55**	1.00						
4. R&D	0.04	0.08	0.81**	-0.01	-0.03	1.00					
5. P_1	0.09	0.14	0.46**	0.12*	-0.08	0.51**	1.00				
6. P_2	0.02	0.08	0.42**	0.06	-0.03	0.52**	0.46**	1.00			
7. P_3	0.02	0.09	0.17**	-0.17**	0.31**	0.19**	0.16**	0.38**	1.00		
8. NP	0.03	0.07	0.80**	-0.002	0.004	0.85**	0.34**	0.41**	0.16**	1.00	
9. EP	0.05	0.11	0.73**	0.03	-0.02	0.77**	0.49**	0.35**	0.10	0.83**	1.00

注: * 表示 $P<0.05$, ** 表示 $P<0.01$, 全部双尾检验。

表 5 – 21　　　　　　　　　R&D 投入对经济绩效的回归分析

变量	常数	SIZE	HIGH	LOW	R&D	F 值	R^2	$\overline{R}^2$
经济绩效	0.01 (0.44)	0.86 *** (18.54)	0.01 (0.73)	0.01 (0.35)		114.73 ***	0.528	0.523
	-0.00 (-0.05)	0.35 *** (4.91)	0.01 (1.11)	0.01 (0.76)	0.69 *** (8.88)	127.50 ***	0.624	0.619

注：括号内为 t 统计值；* 、** 与 *** 分别表示 10%、5% 与 1% 的统计量显著性。

②研发投入对技术创新能力的回归分析见表 5 – 22。表 5 – 22 的分析数据表明，研发支出对新产品的销售收入、发明专利、实用型和外观设计专利申请量有显著的促进作用。其中，研发支出对发明专利的促进作用为 0.67，高于实用型和外观设计专利的申请数。此外，企业的技术创新能力与规模存在显著的正相关关系，低等技术行业的外观设计专利申请数量高于其他技术行业。

表 5 – 22　　　　　　R&D 投入对技术创新能力的回归分析（N = 312）

变量		常数	SIZE	HIGH	LOW	R&D	F 值	R^2	$\overline{R}^2$
技术创新能力	NP	-0.00 (-0.54)	0.60 *** (23.23)	0.00 (0.19)	0.01 (0.55)		179.93 ***	0.637	0.633
		-0.01 (-1.42)	0.23 *** (6.49)	0.00 (0.66)	0.01 (1.20)	0.49 *** (12.53)	242.47 ***	0.760	0.756
	P_1	0.03 * (1.77)	0.68 *** (9.03)	0.04 * (1.83)	-0.01 (-0.18)		29.03 ***	0.220	0.213
		0.03 (1.53)	0.18 (1.47)	0.04 ** (2.07)	0.00 (0.02)	0.67 *** (4.93)	29.49 ***	0.278	0.268
	P_2	-0.00 (-0.37)	0.36 *** (8.09)	0.01 (1.14)	0.01 (0.28)		22.31 ***	0.178	0.170
		-0.01 (-0.77)	-0.00 (-0.03)	0.02 (1.42)	0.01 (0.55)	0.49 *** (6.20)	28.38 ***	0.270	0.260

续表

变量		常数	*SIZE*	*HIGH*	*LOW*	*R&D*	*F* 值	R^2	$\overline{R}^2$
技术创新能力	P_3	0.01 (0.57)	0.17 *** (3.34)	0.00 (0.05)	0.10 *** (4.93)		14.97 ***	0.127	0.119
		0.01 (0.47)	0.05 (0.59)	0.00 (0.10)	0.10 *** (5.01)	0.16 * (1.69)	12.01 ***	0.135	0.124

注：括号内为 t 统计值；*、** 与 *** 分别表示10%、5%与1%的统计量显著性。

③R&D 投入、技术创新能力对经济绩效的回归分析结果见表5-23。

表5-23　　　　　R&D 投入、技术创新对经济绩效的回归分析

变量		模型1	模型2	模型3	模型4	模型5
控制变量	常数	-0.00 (-0.05)	0.01 (0.68)	-0.00 (-0.30)	-0.00 (-0.13)	-0.00 (-0.01)
	SIZE	0.35 *** (4.91)	0.14 ** (2.02)	0.33 *** (4.72)	0.35 *** (4.93)	0.35 *** (4.98)
	HIGH	0.01 (1.11)	0.01 (1.01)	0.01 (0.79)	0.01 (1.25)	0.01 (1.12)
	LOW	0.01 (0.76)	0.003 (0.32)	0.01 (0.76)	0.01 (0.81)	0.02 (1.19)
自变量	*R&D*	0.69 *** (8.88)	0.24 *** (2.83)	0.63 *** (7.88)	0.74 *** (8.69)	0.71 *** (9.03)
中介变量	*NP*		0.92 *** (9.13)			
	P_1			0.09 *** (2.80)		
	P_2				-0.10 * (-1.70)	
	P_3					-0.08 * (-1.68)

续表

变量		模型1	模型2	模型3	模型4	模型5
中介变量	F值	127.50***	146.04***	105.85***	103.20***	103.17***
	R^2	0.624	0.705	0.634	0.628	0.628
	$\bar{R}^2$	0.619	0.700	0.628	0.622	0.622

注：括号内为 t 统计值；*、**与***分别表示10%、5%与1%的统计量显著性。

模型1和模型2显示，新产品产出能力这一变量的加入，使得研发投入对企业经济绩效的积极作用有所降低，影响系数由0.69降低为0.24，这一结果表明：新产品产出能力在研发投入对企业经济绩效影响中具有部分中介作用，中介效应为0.45，H2得到验证。模型1和模型3表明，发明专利申请量这一变量的加入，也使得研发投入对企业经济绩效的积极作用有所降低，影响系数由0.69降低为0.63，中介效应为0.06，结果表明：发明专利申请量能力在研发投入对企业经济绩效影响中具有部分中介作用，假设H3a得到验证。此外，可以看出，发明专利申请量的中介效应明显低于新产品产出能力，假设H4得到验证。

模型1、模型4和模型5表明，实用型专利和外观设计专利的加入，使得研发投入对企业经济绩效的积极作用并没有降低，因此需要做Sobel检验以确认这两类专利是否是研发投入与企业经济绩效关系的中介变量。分别计算得到，$Z = -1.371$，$P > 0.05$ 和 $Z = -0.986$，$P > 0.05$，所以这两类专利的中介效应不显著。假设H3c和H3d没有得到验证。研发投入的增加虽然有助于企业经济绩效的提升，但这种提升效应并不是通过提高实用型和外观设计专利实现的，即实用型和外观设计专利不是研发投入与企业经济绩效关系的中介变量。

最终得到修正后的研究模型，如图5-4所示。

4. 结论与讨论

本研究以浙江省制造企业为研究对象，通过建立研究假说及回归模型，对企业研发投入与经济绩效之间的关系，以新产品产出能力和知识产出能力为中介变量进行了实证分析，主要获得如下结论及启示：

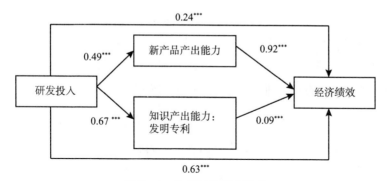

图 5 - 4　修正后的研究模型

注：＊、＊＊与＊＊＊分别表示 10%、5% 与 1% 的统计量显著性。

（1）研发投入能够为企业创造价值，提升企业的经济绩效。企业应充分认识到研发投入对企业发展的重大意义，积极构建与实施创新战略，将研发作为企业在市场竞争中获取竞争优势的根本。政府也应实施相应的研发资助政策，激励企业加大研发投入。

（2）研发投入对三类专利申请量都有显著的贡献，但并非所有的专利都可以提高企业的经济绩效，仅有创新含量较高的发明专利起促进作用，发明专利申请量在研发投入与企业经济绩效之间具有部分中介作用，但中介效应的影响作用比较小。这说明研发投入对企业经济绩效的影响机制是通过发明专利，并非实用型和外观设计专利实现的，企业在创新过程中应侧重于对发明专利的开发。

（3）新产品的产出能力在研发投入与企业经济绩效之间起部分中介作用，新产品产出所起的中介效应显著高于发明专利。表明企业加大研发投入，主要会促进新产品产出能力的提升。这一结果从两方面提示企业：第一，要提高企业的经济绩效，就必须加大对研究与开发的投入，积极开发新产品，最终通过新产品产出能力的提升实现企业经济绩效的提高；第二，企业应当加强对发明专利的管理，尽可能降低它的收益风险性，提高专利对企业经济绩效的贡献。

作为对企业研发投入、技术创新与经济绩效的初步探讨，还存着一些不足之处。比如，对技术创新能力的测量，仅选取了两个维度：知识产出能力和新产品产出能力，但技术创新能力的测量维度要比本研究所提出的要丰富得多，从各回归模型的 R^2 均小于 0.9 也可以看出，除了这两个维度以外，其他的维度也具有重要影响。同时，知识产出能力对新产品产出能力可能存在一定的影响，本研究也未加考察。此外，由于数据来源的限制，本研究选取的样本为浙江省的制造企业，存在着一定的地理局限性以及行业局限性。

5.4 小 结

本章由三个子研究构成：人口背景特征、制度性因素与科技人才收入满意度——高校、科研院所与企业的对比研究；企业科技人才创新激励措施对科技人才的影响作用研究；企业研发投入影响因素及其绩效作用研究。

首先，由于科技人才的收入满意度问题已成为政府管理部门和学术界普遍关注的焦点，以浙江省 11 个地区的 2019 名科技人才为研究样本，运用均值比较、Logit 回归分析等方法，在区分高校、科研院所和企业单位的基础上，实证检验了不同人口背景特征、制度性因素对科技人才收入满意度的影响。研究发现：总体表明，科技人才对自身收入水平的评价偏低；高校、科研院所与企业中科技人才的人口背景特征因素，及其对专业技术职称、职务评定制度与科技成果评价奖励制度的评价具有显著的差异性；人口背景特征变量与两类制度性因素在高校、科研院所与企业中所起的影响作用的力度与影响方向受单位性质所调节，其中，在三类单位中，科技成果评价奖励制度对收入满意度均具有显著的正向影响，并且影响力度最大。最后，根据实证结果，提出了提高科技人才收入满意度的对策与建议。

其次，企业的技术创新激励措施已成为制约技术创新效率的关键因素，以浙江省 379 家企业为研究样本，从丰富度和聚焦度两个方面对企业的技术创新激励措施进行了测量，采用潜在类别分析方法，对企业进行了分类研究；然后，实证研究了规模、年龄、行业与企业所有权性质等因素对企业技术创新激励措施的影响，以及企业技术创新激励措施的绩效。结果表明：企业技术创新激励措施的丰富度偏低，股权激励缺乏型与非物质激励缺乏型两类企业所占比重较大；企业规模、年龄、所有权性质对技术创新激励措施的丰富度有显著的影响；不同规模、年龄、行业与不同所有权性质的企业的技术创新激励措施的聚焦度具有一定的差异性；企业技术创新激励措施丰富度，以及采取一次性货币化奖励、科研条件扶持、提供学习培训机会、住房等其他生活条件的改善 4 项措施对科研人员满意度有显著的正向促进作用；但是，提拔晋升措施会显著削弱科研人员的满意度。

接下来，在文献研究的基础上，建立了影响企业研发人员投入的实证模型，对企业规模、股权集中度与研发人员投入之间的关系进行了非线性检验。研究结果表明，企业规模与研发人员投入呈现倒 U 型曲线关系，而股权集中度与研发人员投入存在单侧 U 型曲线关系。此外，研究结果还显示，高等技术行业的研发投入与中低行业的投入并不存在显著差异，而区域因素对研发人员投入存在一定的影响。

最后，以浙江省 312 家制造企业为研究对象，对企业研发投入、技术创新能力与经济绩效之间的关系进行了研究。研究结果表明：研发投入与企业的经济绩效呈显著的正相关关系；新产品产出能力和发明专利申请量在研发投入与企业的经济绩效之间起中介作用，其中新产品产出能力的中介效应明显高于发明专利；尽管研发投入对实用型和外观设计专利申请量有显著的促进作用，但这两类专利并不是研发投入与企业经济绩效关系的中介变量。[①]

---

① 本章部分内容发表于《科研管理》（2014 年第 7 期）、《科学学研究》（2013 年第 6 期）、《技术经济》（2013 年第 1 期）和《未来与发展》（2011 年第 12 期）。

参考文献

[1] 白艺昕，刘星，安灵．所有权结构对 R&D 投资决策的影响 [J]．统计与决策，2008（5）：131－134.

[2] 毕克新，高岩．我国制造业企业治理结构对技术创新影响的实证研究 [J]．中国科技论坛，2007（12）：43－45.

[3] 柴斌锋．中国民营上市公司 R&D 投资与资本结构、规模之间关系的实证研究 [J]．科学学与科学技术管理，2011，32（1）：40－47.

[4] 陈丹红．科技人才激励机制的宏观构建与微观实施 [J]．企业经济，2006（10）：34－36.

[5] 陈涛．不同权变因素下企业科技人员薪酬满意度及激励效应差异性研究：基于江苏省三城市的调查统计分析 [J]．管理现代化，2010（4）：15－17.

[6] 陈涛．科技人员收入分配依据合理性调查及政策启示：基于江苏省南通市 2300 份调查表的分析 [J]．中国科技论坛，2007（8）：118－121.

[7] 陈涛，李廉水．科技人员奖励性薪酬满意度差异性分析：基于江苏省 12000 份问卷的研究 [J]．科学学与科学技术管理，2008（5）：195－198.

[8] 陈文娟，徐占东．政校协同促进大学生创业演化策略研究 [J]．统计与决策，2016（9）：72－74.

[9] 陈仲常，余翔．企业研发投入的外部环境影响因素研究：基于产业层面的面板数据分析 [J]．科研管理，2007，28（2）：78－84.

[10] 程华，钱芬芬．政策力度、政策稳定性、政策工具与创新绩效：基于 2000～2009 年产业面板数据的实证分析 [J]．科研管理，2013，34（10）：103－108.

[11] 程华，王婉君．我国创新政策的演变：基于政策工具的视角 [J]．未来与发展，2011，34（9）：16 – 19.

[12] 程华，赵祥．企业规模、研发强度、资助强度与政府科技资助的绩效关系研究：基于浙江民营科技企业的实证研究 [J]．科研管理，2008，29（2）：37 – 43.

[13] 崔维军，李廉水．江苏省科技人员收入差异分析：基于泰尔指数的测度 [J]．中国科技论坛，2008（12）：108 – 110.

[14] 崔维军，李廉水．科技人员激励因素偏好的实证研究：基于江苏省南通市 2600份调查问卷的统计分析 [J]．科学学研究，2009，27（4）：588 – 591.

[15] 封铁英．科技人才评价现状与评价方法的选择和创新 [J]．科研管理，2007，28：30 – 34.

[16] 傅红春，罗文英．上海居民收入满足度的测定与分析 [J]．管理世界，2004（11）：62 – 67.

[17] 高月萍．高校人文社会科学成果评价机制研究 [D]．重庆：西南大学，2009.

[18] 官建成，钟蜀明．技术创新绩效的产业分布与演变 [J]．中国科技论坛，2007（9）：26 – 32.

[19] 郭际，吴先华，郭雨．科技人员收入分配差距问题研究：以江苏省徐州、扬州和常州三城市为例 [J]．中国科技论坛，2010（1）：128 – 133.

[20] 郝立忠，袁红英，张鹏程．社会科学研究成果评价研究 [J]．社会科学管理与评论，2001（4）：28 – 34.

[21] 何光喜，孔欣欣．我国科技工作者对创新环境的评价 [J]．创新科技，2011（4）：14 – 15.

[22] 贺京同，高林．企业所有权、创新激励政策及其效果研究 [J]．财经研究，2012，38（3）：15 – 25.

[23] 贺伟，刘明霞．企业 R&D 商业化能力研究 [J]．中国工业经济，2006（4）：66 – 72.

[24] 胡恩华．企业技术创新能力指标体系的构建及综合评价 [J]．科研管理，2001，22（4）：79 – 84.

[25] 胡化凯，谢治国，张玉华．鼓励科技人员创新创业政策调查分析 [J]．科技与经济，2005，18（2）：32 – 37.

[26] 胡玉坤，郑晓瑛，陈功等．厘清"青少年"和青年概念的分野：国际政策举措与中国实证依据 [J]．青年研究，2011（4）：1 – 15.

［27］怀黙霆. 中国民众如何看待当前的社会不平等［J］. 社会学研究，2009（1）：6－120.

［28］黄萃，苏竣，施丽萍，程啸天. 政策工具视角的中国风能政策文本量化研究［J］. 科学学研究，2011（6）：876－882.

［29］江玲. 高科技企业知识型员工的创新激励问题［D］. 武汉：华中科技大学，2008.

［30］冷熙亮. 14 岁至 35 岁：当代青年的年龄界限［J］. 中国青年研究，1999（3）：21－23.

［31］李春玲，李实. 市场竞争还是性别歧视：收入性别差异扩大趋势及其原因解释［J］. 社会学研究，2008（2）：94－116.

［32］李春玲. 文化水平如何影响人们的经济收入：对目前教育的经济收益率的考查［J］. 社会学研究，2003（3）：64－76.

［33］李丽莉. 改革开放以来我国科技人才政策演进研究［D］. 吉林：东北师范大学，2014.

［34］李良成，张芳艳. 创业政策对大学生创业动力的影响实证研究［J］. 技术经济与管理研究，2012（12）：41－45.

［35］李婷，董慧芹. 科技创新环境评价指标体系的探讨［J］. 中国科技论坛，2005（4）：30－31.

［36］李焰，秦义虎，张肖飞. 企业产权、管理者背景特征与投资效率［J］. 管理世界，2011（1）：135－143.

［37］梁莱歆，严绍东. 中国上市公司 R&D 支出及其经济效果的实证研究［J］. 科学学与科学技术管理，2006，27（7）：34－38.

［38］刘凤朝，马荣康. 公共科技政策对创新产出的影响：基于印度的模型构建与实证分析［J］. 科学学与科学技术管理，2012，33（5）：5－14.

［39］刘凤朝，孙玉涛. 我国科技政策向创新政策演变的过程，趋势与建议：基于我国 289 项创新政策的实证分析［J］. 中国软科学，2007（5）：34－42.

［40］刘军. 我国大学生创业政策：演进逻辑及其趋向［J］. 山东大学学报（哲学社会科学版），2015（3）：46－53.

［41］刘立涛，李琳. 区域创新环境的地区差异研究［J］. 科技进步与对策，2008，25（4）：25－29.

［42］刘胜强，刘星. 市场结构与企业 R&D 投资研究综述［J］. 华东经济管理，2010，24（7）：142－145.

[43] 刘泽文. 大学生创业政策反思：政策解构与转型：基于"输入—过程—输出"的分析维度 [J]. 教育发展研究，2015（17）：62 – 67.

[44] 刘忠艳. 中国青年创客创业政策评价与趋势研判 [J]. 科技进步与对策，2016，33（12）：103 – 108.

[45] 娄伟. 中国科技人才培养政策体系分析 [J]. 科学学与科学技术管理，2004，25（12）：109 – 113.

[46] 罗瑾琏，李思宏. 科技人才价值观认同及结构研究 [J]. 科学学研究，2008，26（1）：73 – 77.

[47] 马戎. 经济发展中的贫富差距问题：区域差异、职业差异和族群差异 [J]. 北京大学学报（哲学社会科学版），2009，46（1）：116 – 127.

[48] 马山水. 民营科技型中小企业技术创新激励机制设计的影响因子 [J]. 调研世界，2003（8）：46 – 47.

[49] 宁甜甜，张再生. 基于政策工具视角的我国人才政策分析 [J]. 中国行政管理，2014（4）：82 – 86.

[50] 彭纪生，孙文祥，仲为国. 中国技术创新政策演变与绩效实证研究（1978 – 2006）[J]. 科研管理，2008，29（4）：134 – 150.

[51] 彭正霞，陆根书，康卉. 个体和社会环境因素对大学生创业意向的影响 [J]. 高等工程教育研究，2012（4）：75 – 82.

[52] 祁延慧. "马太效应"对科技奖励的影响 [J]. 兰州交通大学学报，2009，28（5）：167 – 169.

[53] 任海云. 公司治理对 R&D 投入与企业绩效关系调节效应研究 [J]. 管理科学，2011，24（5）：37 – 47.

[54] 任海云. 股权结构与企业 R&D 投入关系的实证研究：基于 A 股制造业上市公司的数据分析 [J]. 中国软科学，2010（5）：126 – 135.

[55] 沈时伯. 试析我国科技人员收入分配问题 [J]. 商业经济，2011（2）：48 – 49.

[56] 盛亚，朱柯杰. 创新失灵与政策干预理论研究综述 [J]. 科技进步与对策，2013，30（12）：157 – 160.

[57] 石中和. 应用技术类科技成果评价及指标体系研究 [J]. 北京交通大学学报（社会科学版），2007，6（3）：54 – 58.

[58] 苏敬勤，许昕傲，李晓昂. 基于共词分析的我国技术创新政策结构关系研究 [J]. 科技进步与对策，2013，30（9）：110 – 115.

[59] 孙美丽，郭建华. 企业技术创新的宏观和微观制度分析 [J]. 科技广场，2006

（9）：28 - 29.

　　[60] 孙蕊，吴金希. 我国战略性新兴产业政策文本量化研究 [J]. 科学学与科学技术管理，2015，36（2）：3 - 9.

　　[61] 唐晓华，唐要家，苏梅梅. 技术创新的资源与激励的不匹配性及其治理 [J]. 中国工业经济，2004（11）：25 - 31.

　　[62] 田永坡，蔡学军，周姣. 高科技人才引进：国际经验和对策选择 [J]. 中国人力资源开发，2012（11）：73 - 76.

　　[63] 王常柏，于化龙，刘立霞. 产业技术创新制度环境评价指标体系研究 [J]. 科技进步与对策，2009，26（20）：129 - 133.

　　[64] 王惠. 政府创业扶持政策对大学生创业的影响评价及其优化：基于浙江省的分析 [J]. 企业经济，2014（3）：168 - 172.

　　[65] 王任飞. 企业 R&D 支出的内部影响因素研究：基于中国电子信息百强企业之实证 [J]. 科学学研究，2005（2）：225 - 231.

　　[66] 王胜光. 创新政策的概念与范围 [J]. 科学学研究，1993（3）：16 - 23.

　　[67] 王天夫，崔晓雄. 行业是如何影响收入的——基于多层线性模型的分析 [J]. 中国社会科学，2010（5）：165 - 180.

　　[68] 王天夫，赖扬恩，李博柏. 城市性别收入差异及其演变：1995 - 2003 [J]. 社会学研究，2008（2）：23 - 53.

　　[69] 魏江，许庆瑞. 企业技术能力的概念、结构和评价 [J]. 科学学与科学技术管理，1995，16（9）：29 - 33.

　　[70] 文芳. 股权集中度、股权制衡与公司 R&D 投资：来自中国上市公司的经验证据 [J]. 南方经济，2008（4）：41 - 52.

　　[71] 翁媛媛，高汝熹. 科技创新环境的实证研究：基于上海市创新环境的因子分析 [J]. 上海管理科学，2009，31（1）：90 - 96.

　　[72] 吴先华，郭际，陈涛. 科技人员薪酬激励状况的实证调查与政策建议：以江苏省徐州、扬州和常州三城市为例 [J]. 科研管理，2011，32（3）：77 - 90.

　　[73] 吴延兵. 企业规模、市场力量与创新：一个文献综述 [J]. 经济研究，2007（5）：125 - 138.

　　[74] 吴延兵. 市场结构、产权结构与 R&D：中国制造业的实证分析 [J]. 统计研究，2007，24（5）：67 - 75.

　　[75] 吴芷静. 论促进企业自主创新的制度环境构建 [J]. 财经问题研究，2010（8）：96 - 99.

［76］郗杰英，杨守建．"谁是青年"再讨论［J］.中国青年研究，2008（8）：27 – 31.

［77］夏国藩．加快沿海技术向内地转移［J］.经济管理，1993（1）：12 – 14.

［78］夏人青，罗志敏，严军．中国大学生创业政策的回顾与展望（1999 – 2011 年）［J］.理论经纬，2012（1）：123 – 127.

［79］向征，李志．中小民营企业科技人员激励管理的实证研究［J］.科技管理研究，2006（6）：134 – 136.

［80］萧延高，翁治林．企业竞争优势理论发展的源与流［J］.电子科技大学学报（社科版），2010，12（6）：7 – 15.

［81］熊彼特．资本主义、社会主义和民主主义［M］.北京：商务印书馆，1979.

［82］徐大可，陈劲．创新政策设计的理念和框架［J］.国家行政学院学报，2004（4）：26 – 29.

［83］徐伟民．科技政策与高新技术企业的 R&D 投入决策：来自上海的微观实证分析［J］.上海经济研究，2009（5）：55 – 64.

［84］徐晓红，荣兆梓．机会不平等与收入差距：对城市住户收入调查数据的实证研究［J］.经济学家，2012（01）：15 – 20.

［85］徐笑君，陈劲，许庆瑞．企业科技人员激励的理论与实证研究［J］.科学管理研究，1999，17（6）：48 – 52.

［86］徐欣，唐清泉．R&D 活动、创新专利对企业价值的影响：来自中国上市公司的研究［J］.研究与发展管理，2010，22（4）：20 – 29.

［87］徐治立．制约科技创新的制度困境［J］.科技管理研究，2007（8）：35 – 37.

［88］杨丽．企业科技人员技术创新激励的实证分析：以山东省为例［J］.科技管理研究，2009（3）：195 – 197.

［89］杨勇，达庆利．企业技术创新绩效与其规模、R&D 投资、人力资本投资之间的关系：基于面板数据的实证研究［J］.科技进步与对策，2007，24（11）：128 – 131.

［90］叶映华．大学生创业政策的困境及其转型［J］.教育发展研究，2011（1）：34 – 38.

［91］曾萍，邬绮虹，蓝海林．政府的创新支持政策有效吗?：基于珠三角企业的实证研究［J］.科学学与科学技术管理，2014，35（4）：10 – 20.

［92］张洪海．收入满意度与消费结构的因果分析［J］.消费导刊，2009（12）：21 – 22.

［93］张洁婷，焦璨，张敏强．潜在类别分析技术在心理学研究中的应用［J］.心理科学进展，2010，18（12）：1991 – 1998.

[94] 张俊琴，来鹏．科技人员薪酬满意度研究 [J]．河海大学学报（哲学社会科学版），2008 (12)：51 - 54.

[95] 张琳．创新政策干预合理性的演进及其对政策干预的影响 [J]．中国科技论坛，2010 (11)：24 - 29.

[96] 张伶，张正堂．内在激励因素、工作态度与知识员工工作绩效 [J]．经济管理，2008, 30 (6)：39 - 45.

[97] 张萌，高鹏．青年科技人才激励问题研究：以中国科学院的实践为例 [J]．华东经济管理 2009, 23 (12)：134 - 136.

[98] 张望军，彭剑锋．中国企业知识型员工激励机制实证分析 [J]．科研管理，2001, 22 (6)：90 - 96.

[99] 张相林．我国青年科技人才科学精神与创新行为关系研究 [J]．中国软科学，2011 (9)：100 - 107.

[100] 张小红，张金昌．科技管理体制改革初探 [J]．技术经济与管理研究，2011 (8)：50 - 53.

[101] 赵林海．基于系统失灵的科技创新政策制定流程研究 [J]．科技进步与对策，2013, 30 (4)：112 - 115.

[102] 甄丽明，唐清泉．企业 R&D 投资行为及其价值创造机制研究：基于中国上市公司的实证检验 [J]．商业经济与管理，2012, 245 (3)：65 - 74.

[103] 郑方辉，隆晓兰．基于绩效评价的收入满意度的实证研究：以 2007 年广东省为例 [J]．武汉大学学报（哲学社会科学版），2008, 61 (4)：585 - 591.

[104] 郑文力．论势差效应与科技人才流动机制 [J]．科学学与科学技术管理，2005 (2)：112 - 116.

[105] 郑亚莉，陶海青．技术创新的制度环境与两种成长方式 [J]．科技进步与对策，2002 (8)：63 - 65.

[106] Amabile T M, Conti R, Coon H, et al. Assessing the work environment for creativity [J]. Academy of Management Journal, 1996, 39 (5): 1154 - 1184.

[107] Andrews I R, Henry M M. Management attitudes toward pay [J]. Industrial Relations: A Journal of Economy and Society, 1963, 3 (1): 29 - 39.

[108] Belenzon S, Schankerman M. University knowledge transfer: private ownership, incentives, and local development objectives [J]. The Journal of Law and Economics, 2009, 52 (1): 111 - 144.

[109] Burhop C, Lübbers T. Incentives and innovation? R&D management in Germany's

chemical and electrical engineering industries around 1900 [J]. Explorations in Economic History, 2010, 47 (1): 100 – 111.

[110] Davila A. Short-term economic incentives in new product development [J]. Research Policy, 2003, 32 (8): 1397 – 1420.

[111] Degadt J. For a more effective entrepreneurship policy: perception and feedback as preconditions [R]. Reneontres de St. Gall, 2004: 8 – 10.

[112] Easterly W, Levine R. Tropics, germs, and crops: how endowments influence economic development [J]. Journal of Monetary Economics, 2003, 50 (1): 3 – 39.

[113] Ehie I C, Olibe K. The effect of R&D investment on firm value: an examination of US manufacturing and service industries [J]. International Journal of Production Economics, 2010, 128 (1): 127 – 135.

[114] Fu X. How does openness affect the importance of incentives for innovation? [J]. Research Policy, 2012, 41 (3): 512 – 523.

[115] Grindley P C, Teece D J. Managing intellectual capital: licensing and cross-licensing in semiconductors and electronics [J]. California Management Review, 1997, 39 (2): 8 – 41.

[116] Haberfeld Y, Shenhav Y. Are women and blacks closing the gap? Salary discrimination in American science during the 1970s and 1980s [J]. ILR Review, 1990, 44 (1): 68 – 82.

[117] Hall L A, Bagchi – Sen S. A study of R&D, innovation, and business performance in the Canadian biotechnology industry [J]. Technovation, 2002, 22 (4): 231 – 244.

[118] Harhoff D, Hoisl K. Institutionalized incentives for ingenuity-patent value and the German Employees' Inventions Act [J]. Research Policy, 2007, 36 (8): 1143 – 1162.

[119] Hart D M. The emergence of entrepreneurship policy [J]. Small Business Economics, 2004, 22 (3 – 4): 313 – 323.

[120] Heneman H G. Pay satisfaction [J]. Research in Personnel and Human Resources Management, 1985, 3 (3): 115 – 139.

[121] Honig – Haftel S, Martin L R. The effectiveness of reward systems on innovative output: An empirical analysis [J]. Small Business Economics, 1993, 5 (4): 261 – 269.

[122] Klein S M, Maher J R. Education level and satisfaction with pay [J]. Personnel Psychology, 1966, 19 (2): 195 – 208.

[123] Lazear E P. Salaries and piece rates [J]. Journal of Business, 1986: 405 – 431.

[124] Lee J Y. Incremental innovation and radical innovation: the impacts of human, structural, social, and relational capital elements [D]. Michigan State University, 2011.

［125］ Lerner J, Wulf J. Innovation and incentives: evidence from corporate R&D ［J］. The Review of Economics and Statistics, 2007, 89 (4): 634 – 644.

［126］ Lundström A, Stevenson L A. Entrepreneurship Policy: Theory and Practice ［M］. Springer, Berlin, 2005.

［127］ Menor L J, Kristal M M, Rosenzweig E D. Examining the influence of operational intellectual capital on capabilities and performance ［J］. Manufacturing & Service Operations Management, 2007, 9 (4): 559 – 578.

［128］ OECD. OECD SME and Entrepreneurship Outlook 2005 ［M］. OECD Publishing, Paris, 2005.

［129］ Robinson D. Differences in occupational earnings by sex ［J］. International Labor Review, 1998, 137 (1): 3 – 31.

［130］ Roper S, Love J H. Innovation and export performance: evidence from the UK and German manufacturing plants ［J］. Research Policy, 2002, 31 (7): 1087 – 1102.

［131］ Rothwell R. Public innovation policy: to have or to have not ［J］. R&D Management, 1986, 16 (1): 34 – 63.

［132］ Rothwell R. Technology-based small firms and regional innovation potential: the role of public procurement ［J］. Journal of Public Policy, 1984, 4 (4): 307 – 332.

［133］ Scott J. Firm Versus Industry Variability in R&D Intensity ［M］ //R&D, Patents, and Productivity. University of Chicago Press, 1984: 233 – 248.

［134］ Sharma J P. Salary satisfaction as an antecedent of job satisfaction: development of a regression model to determine the linearity between salary satisfaction and job satisfaction in a public and a private organization ［J］. European Journal of Social Sciences, 2011, 18 (3): 450 – 461.

［135］ Subramaniam M, Youndt M A. The influence of intellectual capital on the types of innovative capabilities ［J］. Academy of Management journal, 2005, 48 (3): 450 – 463.

［136］ Takahashi. , K. Effects of wage and promotion incentives on the motivation levels of Japanese employees ［J］. Career Development International, 2006, 11 (3): 193 – 203.

［137］ Thornhill S. Knowledge, innovation and firm performance in high-and low-technology regimes ［J］. Journal of Business Venturing, 2006, 21 (5): 687 – 703.

［138］ Wakelin K. Productivity growth and R&D expenditure in UK manufacturing firms ［J］. Research Policy, 2001, 30 (7): 1079 – 1090.